なるにはBOOKS
37

環境専門家になるには

小熊みどり 著

ぺりかん社

はじめに

「環境《かんきょう》」と聞いて、みなさんは何を思い浮かべますか？　地球全体の環境、海や山などの自然環境、自分の住む地域の環境、家庭環境――。「環境」といっても、いろいろなスケールのものがありますね。「環境」を辞書で引くと、「取り囲んでいる周りの世界。人間や生物の周囲にあって、意識や行動の面でそれらと何らかの相互《そうご》作用を及《およ》ぼし合うもの。また、その外界の状態。自然環境のほかに社会的、文化的な環境もある」（三省堂編『スーパー大辞林』）とあります。環境の「環」は輪のかたちをしたもの、めぐるという意味です。この「いろいろな要素が輪のようにつながっていて、たがいに影響《えいきょう》を及《およ》ぼし合う」というイメージが、環境を考える上では重要です。環境専門家の仕事も、たくさんの人や物事がつながった輪の中にあります。

今、環境問題としていちばん話題になっているのは「地球温暖化」ですね。大気中の二酸化炭素やメタンなどの「温室効果ガス」の量が急激に増えることによって、大気中に熱がこもり、気温が上がってしまう現象のことです。大気中の温室効果ガスを増やし、地球温暖化の大きな原因となっていると考えられているのは、石油・石炭・天然ガスなどの化石燃料を燃やして二酸化炭素を排出《はいしゅつ》する「火力発電」です。私たちは電気がなければ生活できませんが、2020年のデータでは、火力発電が発電量全体に占《し》める割合は、日本ではおよそ75％です。風力発電などの二酸化炭素を排出《はいしゅつ》しない発電を増やし、化石燃料から脱却《だっきゃく》する「脱《だつ》炭素化」が世界中で進められています。

ほかにも、海洋プラスチック問題、気候変動や人口増加に伴《ともな》う食料問題など、環境に関するたくさんの問題が浮上《ふじょう》しています。これらの問題に世界中でともに立ち向かっていこうと、「持続可能な開発目標ＳＤＧｓ」が合言葉になっています。

それでは、環境問題を解決するために、私たちは何ができるのでしょうか。どのような環境に関連する仕事があるのでしょうか。「環境を仕事にする」とはどういうことなのでしょうか。この本では、本気で環境問題を解決しようと日夜奮闘《ふんとう》している「環境専門家」の仕事を紹介《しょうかい》しています。「環境専門家」の仕事について知り、「自分も環境専門家になって、地球の未来を変えてみたい」と思ってくださったらとてもうれしいです。

最後に、本書を執筆《しっぴつ》するにあたり、インタビューに快くご協力いただいたみなさま、本書の内容について助言をいただいた科学コミュニケーターの清水裕士《ゆうじ》さん、写真をご提供くださった国立極地研究所の山口一《はじめ》さん、本書執筆《しっぴつ》のきっかけをくださったサイエンスライターの堀川晃菜《あきな》さんへ、この場を借りて心より御礼《おれい》申し上げます。

筆　者

環境専門家になるには　目次

[3章]

なるにはコース

※本書に登場する方々の所属、年齢などは取材時のものです。

[装幀]図工室　[カバーイラスト]ハラアツシ　[図版]熊アート　[本文写真]取材先提供

「なるにはBOOKS」を手に取ってくれたあなたへ

「働く」って、どういうことでしょうか?

「毎日、会社に行くこと」「お金を稼《かせ》ぐこと」「生活のために我慢《がまん》すること」。

どれも正解です。でも、それだけでしょうか?「なるにはＢＯＯＫＳ」は、みなさんに「働く」ことの魅力《みりょく》を伝えるために１９７１年から刊行している職業紹介《しょうかい》ガイドブックです。

各巻は３章で構成されています。

【1章】ドキュメント 今、この職業に就いている先輩《せんぱい》が登場して、仕事にかける熱意や誇《ほこ》り、苦労したこと、楽しかったこと、自分の成長につながったエピソードなどを本音で語ります。

【2章】仕事の世界 職業の成り立ちや社会での役割、必要な資格や技術、将来性などを紹介《しょうかい》します。

【3章】なるにはコース なり方を具体的に解説します。適性や心構え、資格の取り方、進学先などを参考に、これからの自分の進路と照らし合わせてみてください。

この本を読み終わった時、あなたのこの職業へのイメージが変わっているかもしれません。「やる気が湧《わ》いてきた」「自分には無理そうだ」「ほかの仕事についても調べてみよう」。

どの道を選ぶのも、あなたしだいです。「なるにはＢＯＯＫＳ」が、あなたの将来を照らす水先案内になることを祈っています。

■ 地球温暖化 ■

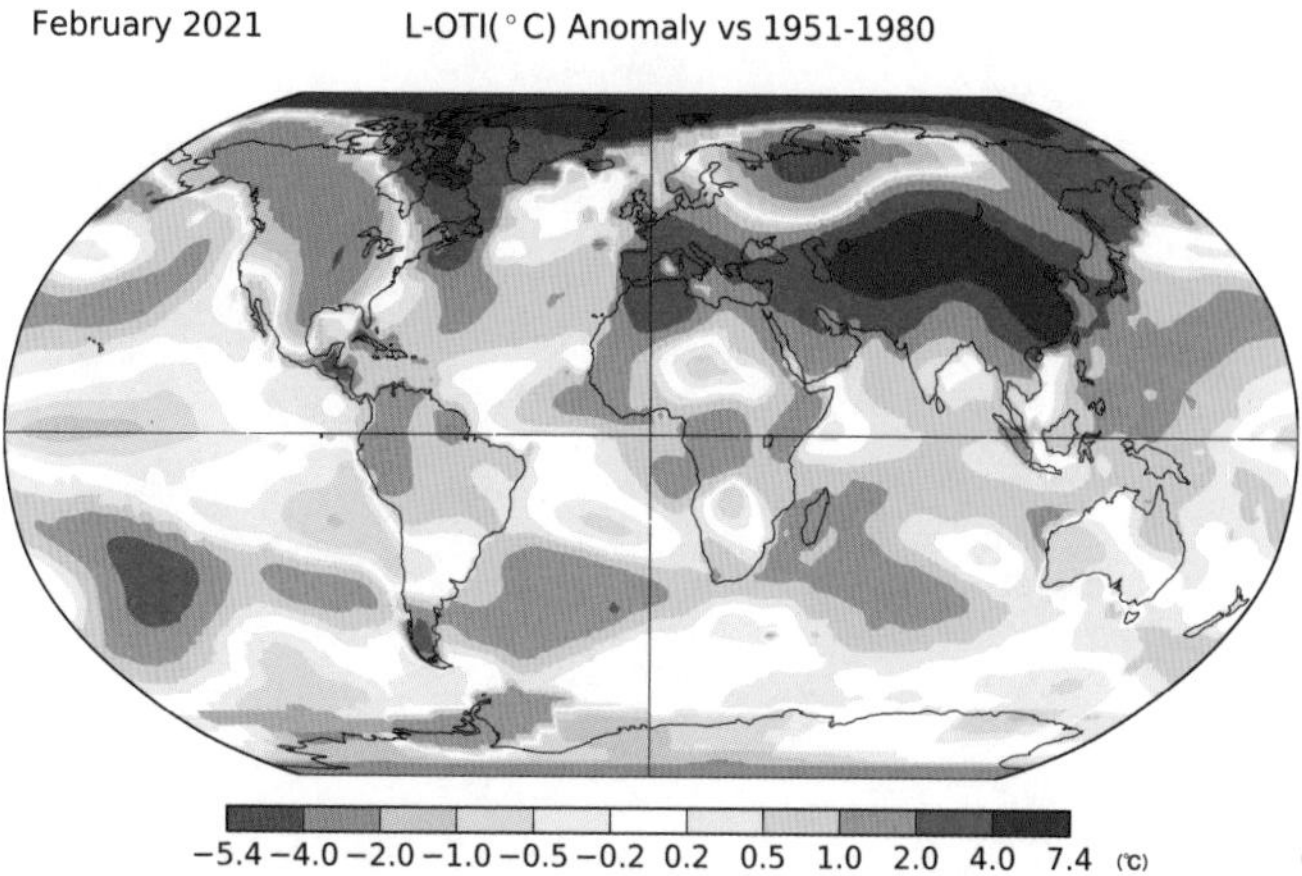

(A)

▲2021年2月の気温と1951～1980年の平均気温の比較

特に北極域で気温が大きく上昇している。

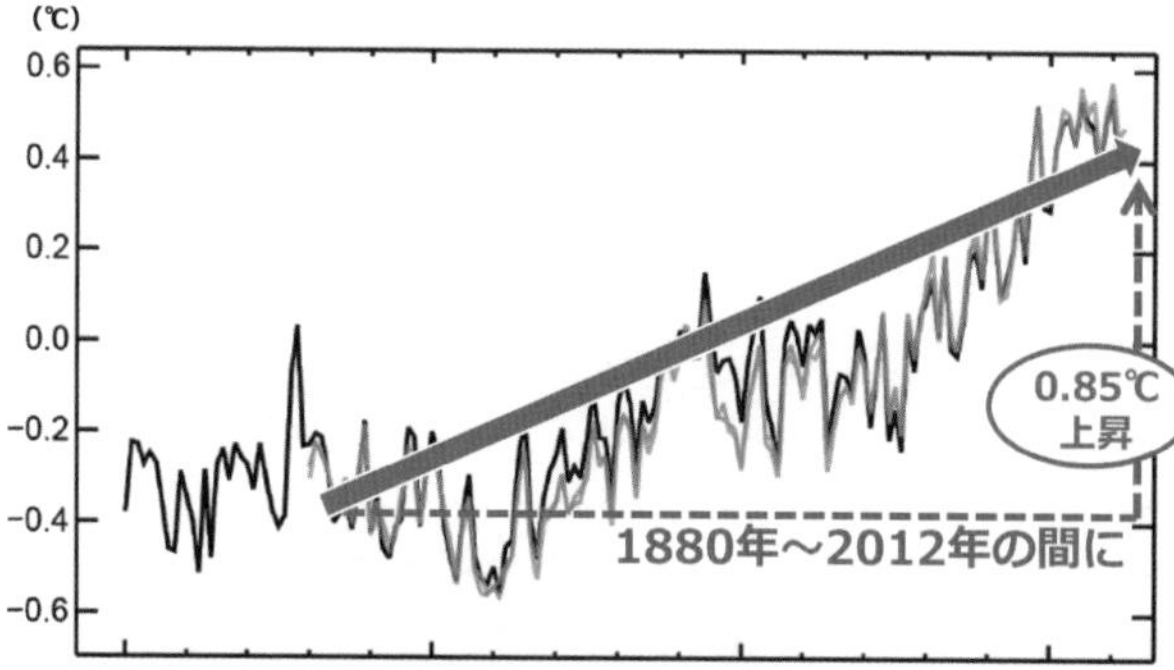

(B)

▲世界の平均気温の変化

実際に観測された世界年平均気温の、1961～1990年の平均気温からの差。
温度計が使われるようになった1850年以降の記録から、気温の上昇傾向がわかる。

出典

(A)…GISTEMP Team, 2021: GISS Surface Temperature Analysis (GISTEMP), version 4. NASA Goddard Institute for Space Studies. Dataset accessed 2021-04-01 at data.giss.nasa.gov/gistemp/.

(B)…気象庁（IPCC第5次評価報告書より）

地球温暖化

(C)

▲氷の上のホッキョクグマ
北極海の氷上で生息するホッキョクグマは、氷が溶けると行き場をなくしてしまう。
(2012年 7月、北極海にて撮影)

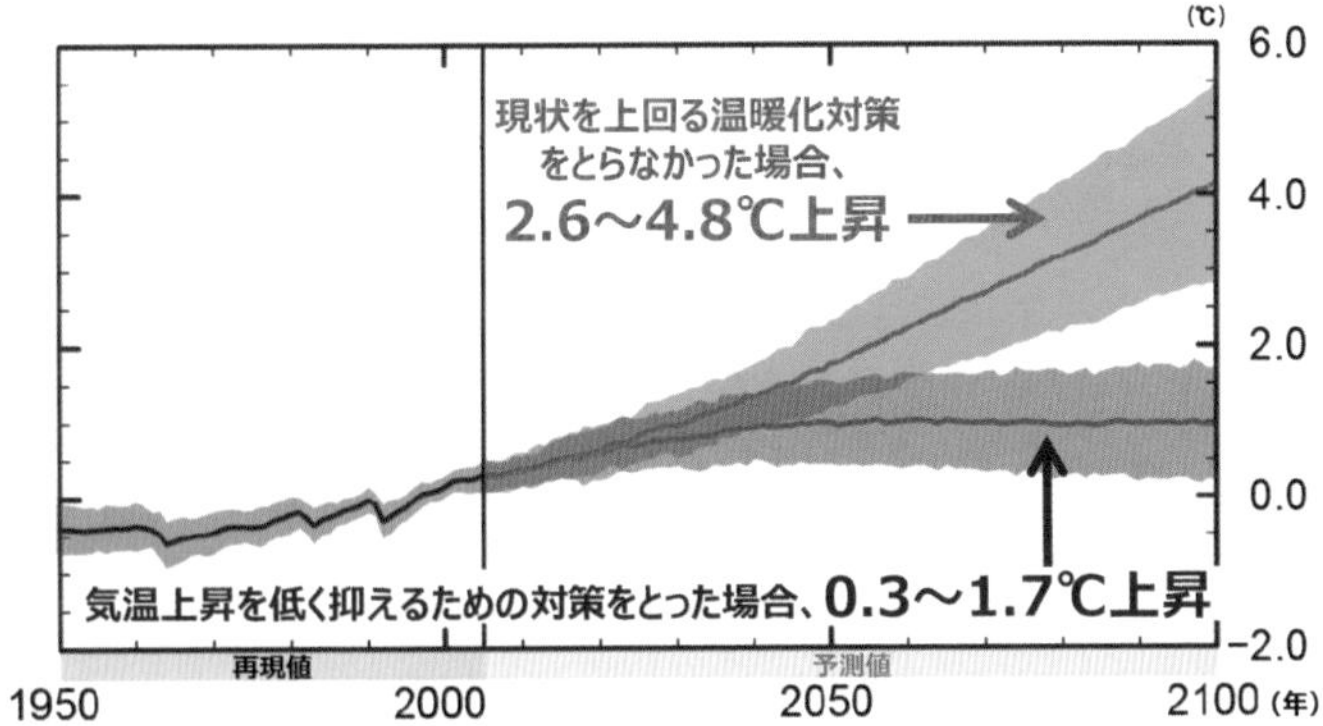

(D)

▲世界の平均気温の将来予測
1986〜2005年の平均気温からの気温の上昇幅の予測。
対策の有無によって上昇幅が大きく変わる。

出典
(C)…©2012 山口 一(東京大学)
(D)…IPCC 第5次評価報告書 統合報告書 政策決定者向け要約 図 SPM.1(a)より環境省作成

SDGs

▲持続可能な開発目標 SDGs
2015年 9月「国連持続可能な開発サミット」で採択された世界的な目標
(A)

◀2019年 9月にニューヨークの国連本部で開催された気候行動サミット

(B)

(C)

▲2019年 9月にニューヨーク市街で行われたグローバル気候マーチ

出典

(A)…United Nations Sustainable Development Goals website: https://www.un.org/sustainabledevelopment/
＊The content of this publication has not been approved by the United Nations and does not reflect the views of the United Nations or its officials or Member States.

(B)(C)…©WWF ジャパン

■エネルギー■

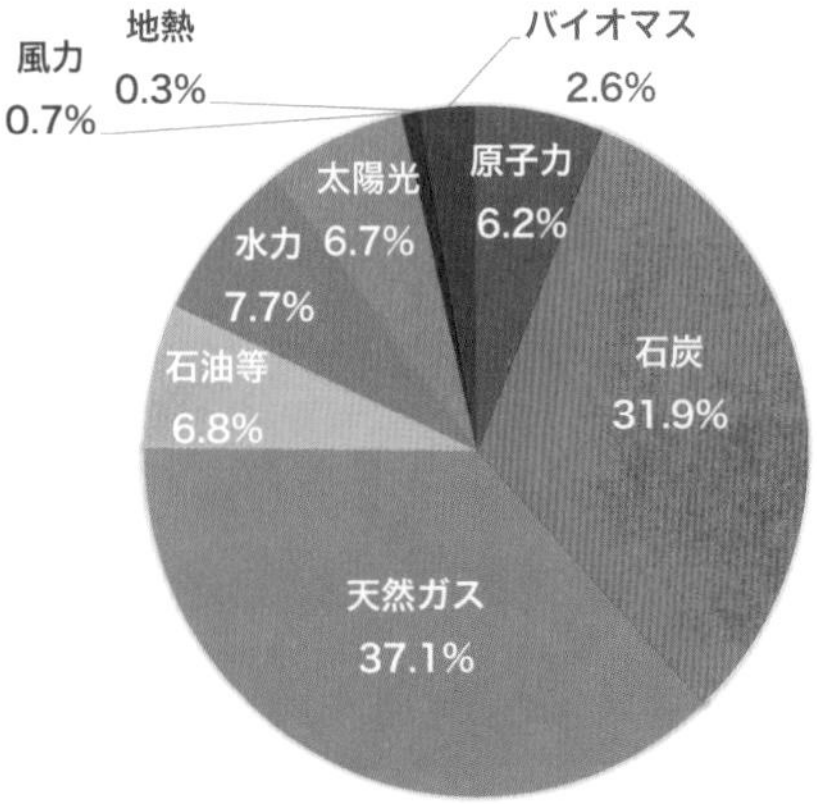

(A)

▲日本の発電の割合（2019年）
石炭・天然ガス・石油などの化石燃料を使用した火力発電が約75%を占める。

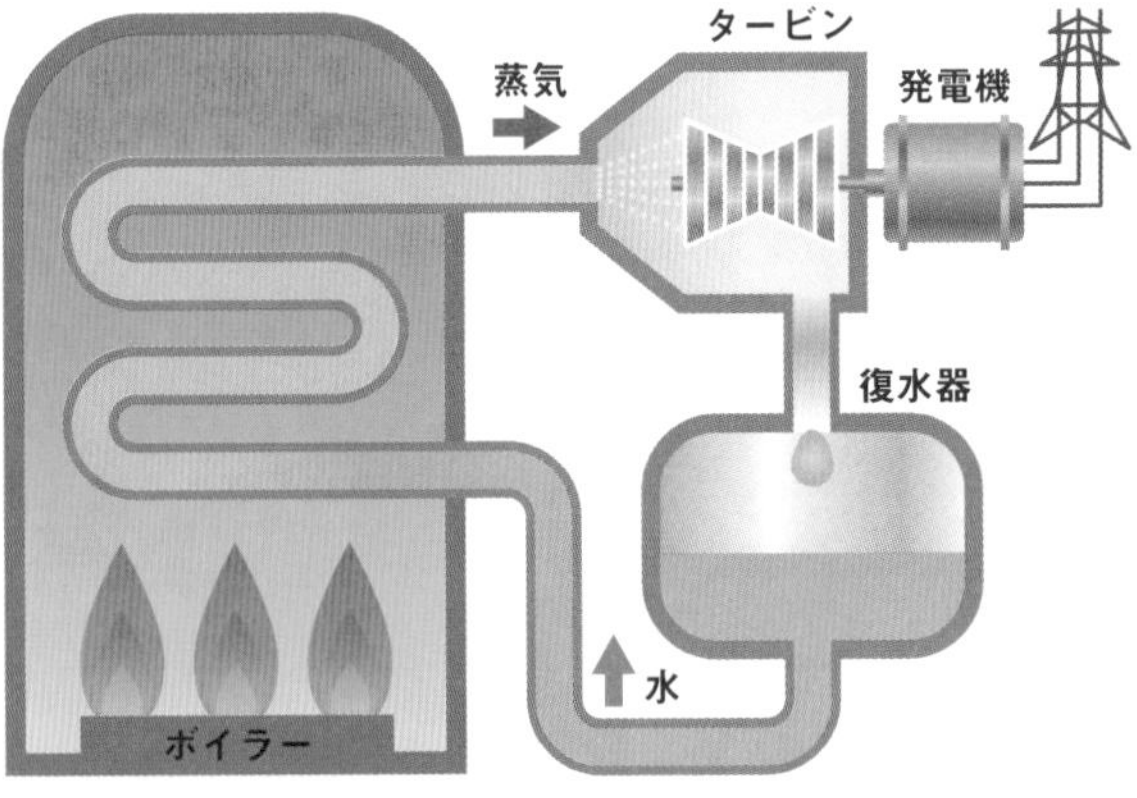

(B)

▲火力発電のしくみ
化石燃料を燃やした熱で水をあたため、発生させた蒸気でタービンを回して発電する。

出典
(A)…資源エネルギー庁　総合エネルギー統計時系列表より筆者作成
(B)…電気事業連合会ウェブサイトより作成

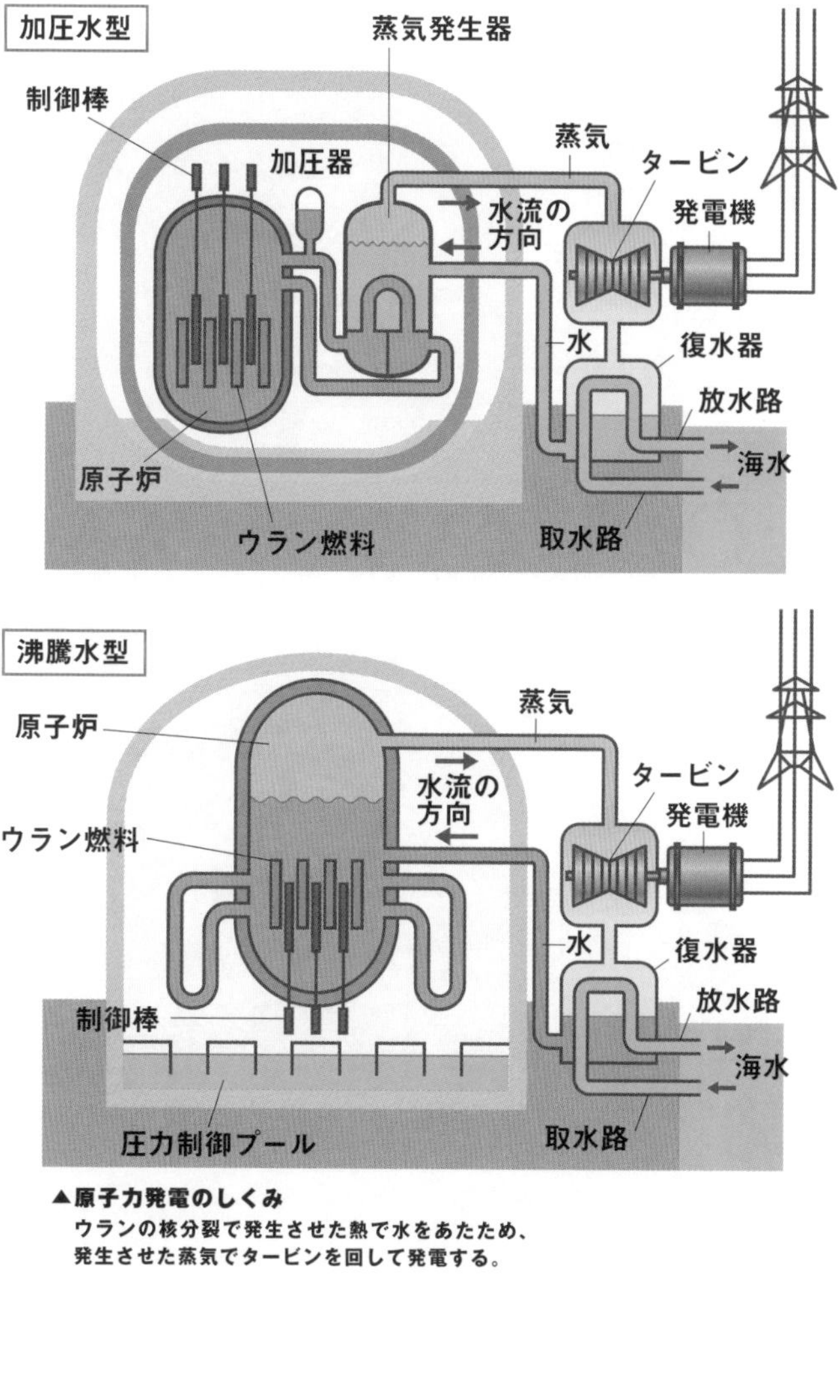

▲原子力発電のしくみ
ウランの核分裂で発生させた熱で水をあたため、
発生させた蒸気でタービンを回して発電する。

■脱炭素化■

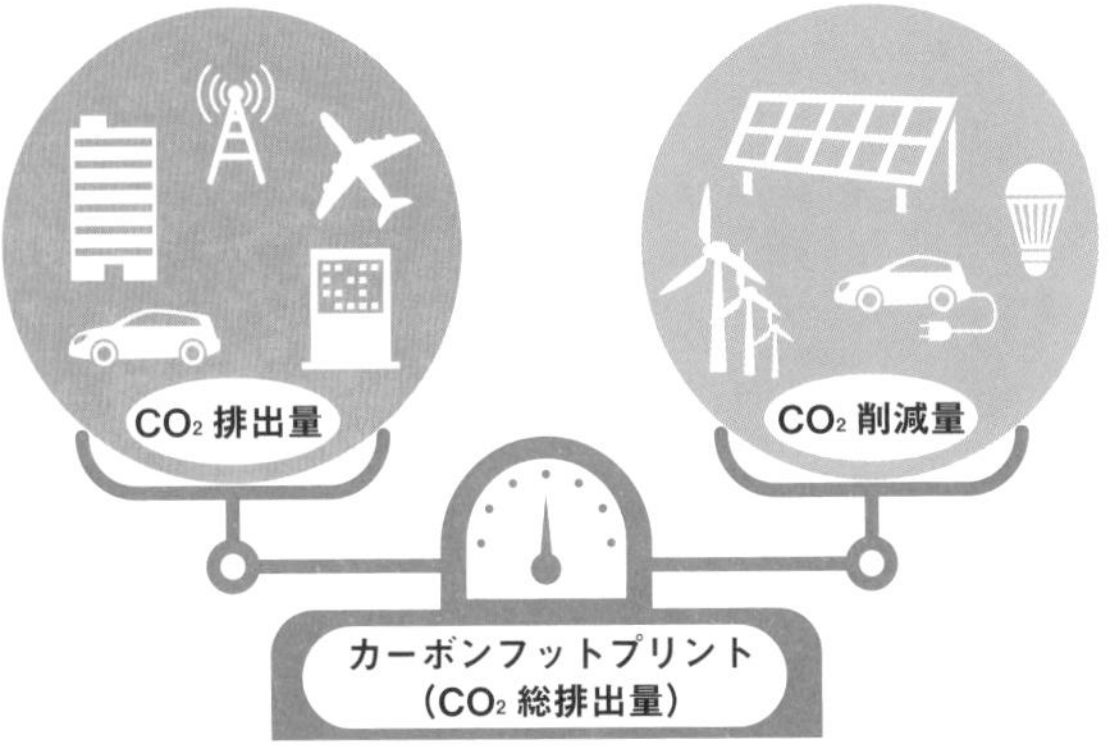

▲カーボンニュートラル
排出された二酸化炭素の量と排出を削減できた量をつり合わせて
プラスマイナスゼロにする。

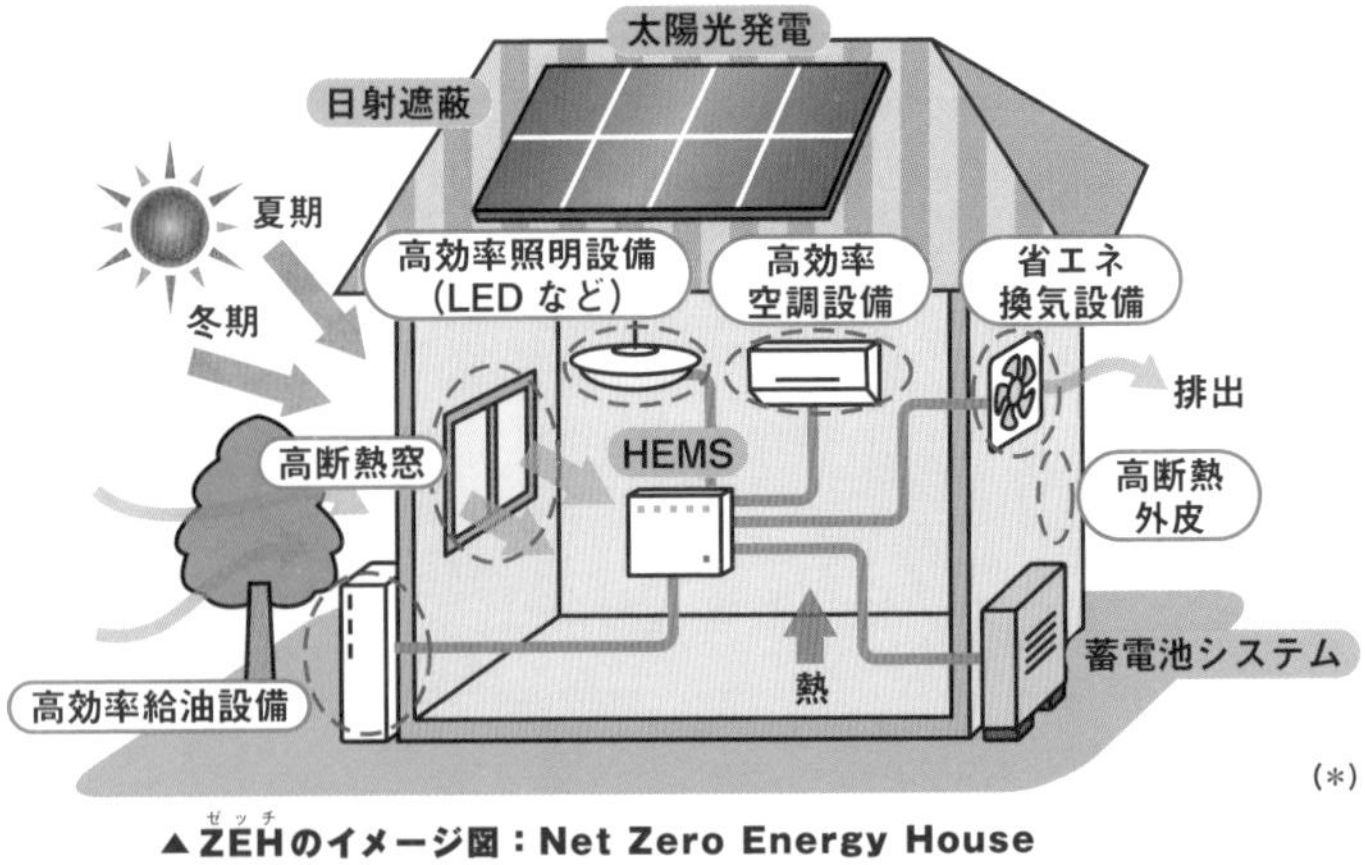

（＊）

▲ZEH《ゼッチ》のイメージ図：Net Zero Energy House
エネルギー消費量を正味ゼロにする家。
使うエネルギーを減らし、必要なエネルギーは太陽光発電でつくる。
HEMS：Home Energy Management System
　　　家庭で使うエネルギーを節約するための管理システム

出典
（＊）…経済産業省　資源エネルギー庁ウェブサイト

■ 燃料電池 ■

(A)

▲燃料電池バス
水素をエネルギーにして走行するバス。導入する自治体が増えている。

(B)

▲燃料電池のしくみ
燃料電池は水素などを燃料にして電気を生み出す。このとき二酸化炭素を発生しない。

出典
(A)…毎日新聞社提供
(B)…経済産業省　資源エネルギー庁ウェブサイト

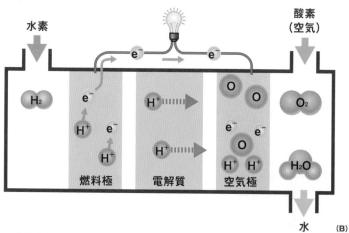

生分解性プラスチック

▲PHBH
（商品名：カネカ生分解性ポリマー Green Planet™）で作られた製品
普通のプラスチックは自然に分解しないが、
水や土の中で分解する「生分解性プラスチック」は、プラスチック問題解決への鍵になりえる。

▼PHBHの生産・分解サイクル
PHBHは自然界に存在する多くの微生物により生分解され、
最終的には二酸化炭素と水になる。

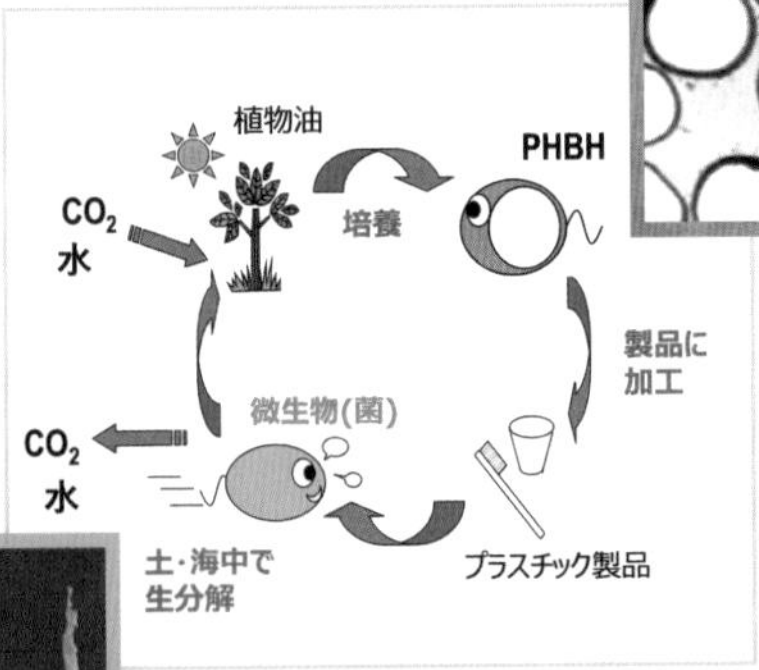

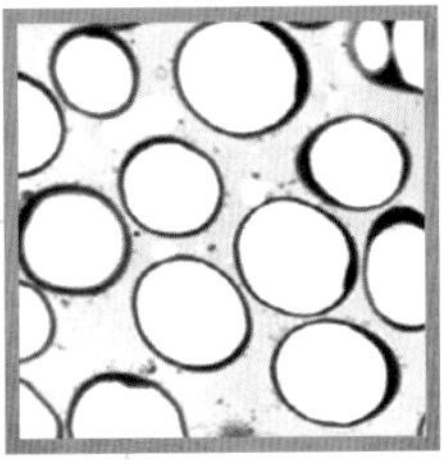

▲微生物体内に
蓄積された
PHBHの
顕微鏡写真

◀海水中で分解したカネカ生分解性ポリマー
Green Planet™を使用したストロー
左から分解前・24日後・61日後・88日後（※）

提供　株式会社カネカ
PHBH：植物油を原料に微生物により生産されたポリマー。
(※) 社内データであり、海水中での分解を保証するものではありません。

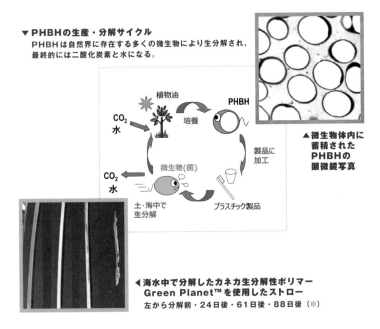

1章

ドキュメント

さまざまな分野で活躍する環境専門家たち

ドキュメント 1 環境省職員

国の環境政策を幅広い視野でリードする

環境省《かんきょうしょう》
香田《こうだ》慎也《しんや》さん

香田さんの歩んだ道のり

1992年佐賀《さが》県生まれ、神奈川《かながわ》県育ち。慶應義塾《けいおうぎじゅく》大学法学部卒業。大学では民法のゼミに所属。2014年環境省入省。産業廃棄物《はいきぶつ》行政、東日本大震災《ひがしにほんだいしんさい》からの復興、気候変動対策、政府の成長戦略や環境省の重点施策《しさく》の取りまとめ、国会での環境《かんきょう》大臣の所信表明の原稿執筆《げんこうしっぴつ》などを担当した。現在は環境省大臣官房《かんぼう》で法令審査《しんさ》業務と総合職事務系職員（文系職員）の採用を担当。

日本の環境《かんきょう》政策のトップ機関

環境《かんきょう》についての国全体の方針を決めたり、指揮を取ったりしている機関はどこでしょうか？ 最初に思いつくのは、なんといっても「環境省」ですね。環境省は「環境基本計画」を取りまとめるなど、政府全体の環境政策をリードしています。

「環境が今や世の中のあらゆる課題と結びついていているという実感が日々高まってきていいます。環境省の役割の大きさと幅広《はばひろ》さは、学生時代のイメージとは異なるものでした」と環境省職員の香田さんは語ります。

環境省のトップである環境大臣は、国会の環境委員会で毎年春と秋に、環境省の方針について所信表明をします。香田さんは2019年11月から2020年3月にかけて、衆議院・参議院での4回の演説の原稿案《げんこうあん》の作成を担当しました。

「演説では、大臣個人の考えを話せばいいわけではなく、環境省としての方針をしっかりと示す必要があります。何度も大臣室に呼ばれて原稿案《げんこうあん》を直されました。でも、それを大臣が国会で実際に読んでいるのを見た時には、とてもうれしかったです。小泉《こいずみ》進次郎環境大臣は、みずから私たちの仕事を見てくださったり、もっとこうしたいと自分の考えをたくさん言ってくださったりするので、私もやりがいがあります」

香田さんが入省6年目にして、このような重要な仕事を任されたのは、環境省全体の施《し》策《さく》の方針を立て、それをわかりやすくまとめた資料を作成する部署にいたからでした。香田さんたちが作成した令和2年度「環境省重点施策《しさく》」の資料は環境省のウェブサイトで見ることができます。気候変動対策と海洋プラスチックごみ対策に重点を置く、とポイントがわかりやすく示されています。

「環境省の職員は、この資料を使いながら、みずからの政策を国民や企業《きぎょう》のみなさん、政治家の方々にわかりやすく説明し、環境省の応援団《おうえんだん》をつくっていきます。また、環境省の施策《しさく》をしっかり実現できるように、財務省などと交渉《こうしょう》や調整をし、次年度の予算を確保します。この業務を通して、国の政策議論の一《いっ》端《たん》にふれることができたと感じています」

国を動かす現場を目の当たりにして

香田さんが国家公務員をめざすようになったのは、大学時代に経験した国会議員事務所でのインターンシップがきっかけでした。

「大学2年生ごろまでは、法科大学院に進学し、司法試験を受験しようかとぼんやり思いながら勉強していました。別の議員さんのところでインターンシップをしていた先輩《せんぱい》に教えてもらい、興味本位で応募《おうぼ》しました。私の面倒《めんどう》を見てくださった議員さんがとてもいい人で、まだ学生の私を会議などにも参加させてくれました。政策の種がまかれる瞬間《しゅんかん》を見て、国の政治ってこういうふうに決まっていくんだなと感動しました。政治の世界のリアルな姿に加え、政治（国会議員）と行政（国家公務員・官公庁職員）のかかわり方を見るなかで、国家公務員の仕事に興味をもちました」

それから国家公務員試験の説明会に参加し、翌年春の国家公務員採用試験に向けて勉強を始めました。試験では、自分の得意な分野を選択《せんたく》できる「専門科目」と、全員共通の「教養科目」の二つを受験する必要があります。

「法科大学院受験の予備校には大学2年生のころからずっと通っていたので、専門科目の法律分野についてはあまり苦労しませんでした。ふだんの大学のゼミで勉強している内容もそのまま活かせました。教養科目は自分で参考書を買ってきて勉強しました」

4年生の春、一次試験と二次試験に無事に合格すると、省庁を訪問してどの省庁に行くかを決める「官庁訪問」が始まりました。香田さんはどの省庁に行きたいかはまだ明確には決めかねていたので、説明会で少し関心をもっていた環境省のほかにも法務省、総務省を訪問しました。

「一次試験、二次試験、官庁訪問と、採用のプロセスが全部終わるまで気持ちはあまり落ち着きませんでしたね。環境省から内々定をもらったのは7月11日でした。民間企業《きぎょう》に就職活動をしている友人に比べると短い期間でしたが、気持ちのオン・オフの切《き》り替《か》えやモチベーションの維持《いじ》に苦労したこともありました」

説明会の時から、環境省は雰囲気《ふんいき》がいいなと感じていたそうですが、官庁訪問で進路を決める重要な出会いがありました。

「環境省への官庁訪問のさい、産業廃棄物《はいきぶつ》に関する法令を担当されている職員の方に不用品回収業者の実態について教えていただきました。私にも身近な暮《く》らしのなかの廃棄物《はいきぶつ》の話から始めてくださり、とても興味をもちました。官公庁の職員さんは堅《かた》い人が多いのかなと思っていたのですが、その方は親しみやすく接してくれました。私は堅《かた》い雰囲気《ふんいき》は苦手なので、こういう人たちと働きたい、と環境省を志望する最大の決め手になりました。実際に入省してみても、環境省は省全体がフラットな雰囲気《ふんいき》で、この時に感じたことは間《ま》違《ちが》っていなかったなと思っています」

しかも、環境省に入省すると、偶然《ぐうぜん》にも官庁訪問でお会いした職員の方が最初の上司になりました。

「官庁訪問ではほんとうにたくさんの試験合格者が来るので、私はそのうちの一人にすぎなかったのですが、なんとその上司も私のことを覚えていてくれました。縁《えん》を感じてとてもうれしくなりました」

多様なポストを経験

入省してからは、おおむね2年ごとに部署の異動があります。香田さんは異動が多いほうで、1年から1年半ごとに異動し、入省8年目の現在は6ポスト目の部署にいます。今までには、産業廃棄物《はいきぶつ》行政、東日本大震災からの復興、気候変動対策、政府の成長戦略や環境省の重点施策《しさく》の取りまとめと環境大臣の演説原稿《げんこう》の執筆《しっぴつ》などを担当してきました。

「環境省はほかの省庁と比べて人数が少なめなので、各人に任される仕事の幅《はば》が広い印象です。文系ならこの部署のこの仕事、と決まっているわけではありません。気候変動対策の部署に異動した時は、理系の専門用語が飛び交っていて、最初は話についていくこともできませんでした。まず電力の単位がわからず、『キロワット』と『キロワット時』の違《ちが》いなど基本的なところから勉強しました。同時に、同じ部署には必ずくわしい人がいるので、わからないことは正直に聞くようにして

環境省の職場での打ち合わせ風景

いました。環境省では文系、理系を問わず活《かつ》躍《やく》できるチャンスがあるとも言えます」

数々の業務を担当してきた香田さんにとって、今まででいちばん思い出に残っているのはどんなことなのでしょうか。

「入省2年目で福島《ふくしま》の地方環境事務所に異動し、東日本大震災からの復興のための重要事業である、『中間貯蔵』という事業の中核《ちゅうかく》で働いたことです。東日本大震災からの復興のため、環境省では『除染』という、放射性物質に汚染《おせん》された地表面の土や草を剝《は》いだり、建物の屋根を洗浄《せんじょう》したりする事業を実施《じっし》していますが、それによって生じた大量の土や廃《はい》棄物《きぶつ》を別の場所で保管するための事業が『中間貯蔵』です。地方環境事務所のまわりの職員も、工事作業員の方も、地元の町役場の課長さんをはじめとする職員の方も、みんな一まわりも二まわりも年上でしたが、そうした方々とコミュニケーションを取り、力を合わせて重要な事業を進めたことは、今でも私の財産になっています」

そうした方々と議論や調整をする機会が数多くあり、時には自分よりもずっと年上の方に指示を出さなければならない状況《じょうきょう》に香田さんは苦労したそうです。

「最初は信頼《しんらい》関係を構築することに苦労しました。メールよりも電話で、電話よりも直接会って話すことが大事だと考え、調整相手のところに何度も足を運びました。そうして『また来たのか』と笑いながら言ってもらえた時には、やっと認めてもらえたなとほっとしました。地方ならではの文化でひんぱんにあった飲み会も含《ふく》め、コミュニケーション能力の重要性をあらためて認識するきっかけ

福島の地方環境事務所では除染で生じた土や廃棄物の中間貯蔵事業を担当した

出典：環境省除染アーカイブサイト

となりました」

法律の専門性とコミュニケーション能力

環境省は大臣がみずから育児休暇《きゅうか》を取ることからもわかるように、働き方改革も進んでいるそうです。香田さんの一日のスケジュールはどのようなものでしょうか。

「現在は、大臣官房《かんぼう》総務課という部署で、環境省が所管する法令について、制度上の不備や問題がないか、使用している文言は適当かなどの観点から審査《しんさ》を担当しています。法令審査《しんさ》が業務の中心のため、主にオフィスワークです。9時半ごろに登庁して、ふだんは20時くらいに帰ります。繁忙期《はんぼうき》には22時ごろまで残っていることもあります。あまり残業が必要にならないように、審査《しんさ》対象の法令をつくっている部署の担当者と連絡《れんらく》を取り合いながら、計画的に仕事を進めています。『いつまでに審査《しんさ》を終わらせてほしい』という期限についても、担当者と事前にしっかり相談するので、締め切りに追われるようなこともほとんどないですね」

法令の文面をチェックするこの仕事には、香田さんが大学で学んだ法律の専門知識がフルに活かされています。

「環境省所管の法令が世の中に出ていく前の最終チェックの役割を担っているため、責任とやりがいを感じながら取り組んでいます」

官公庁の職員というと、霞《かすみ》が関《せき》の庁舎にこもって夜遅《おそ》くまでデスクワークをしているイメージがありますが、実際には企業《きぎょう》や事業所を訪問して相談することも多いそうです。

「たとえば、気候変動対策の部署にいた時には、すぐれた再エネ・省エネ技術をもってい

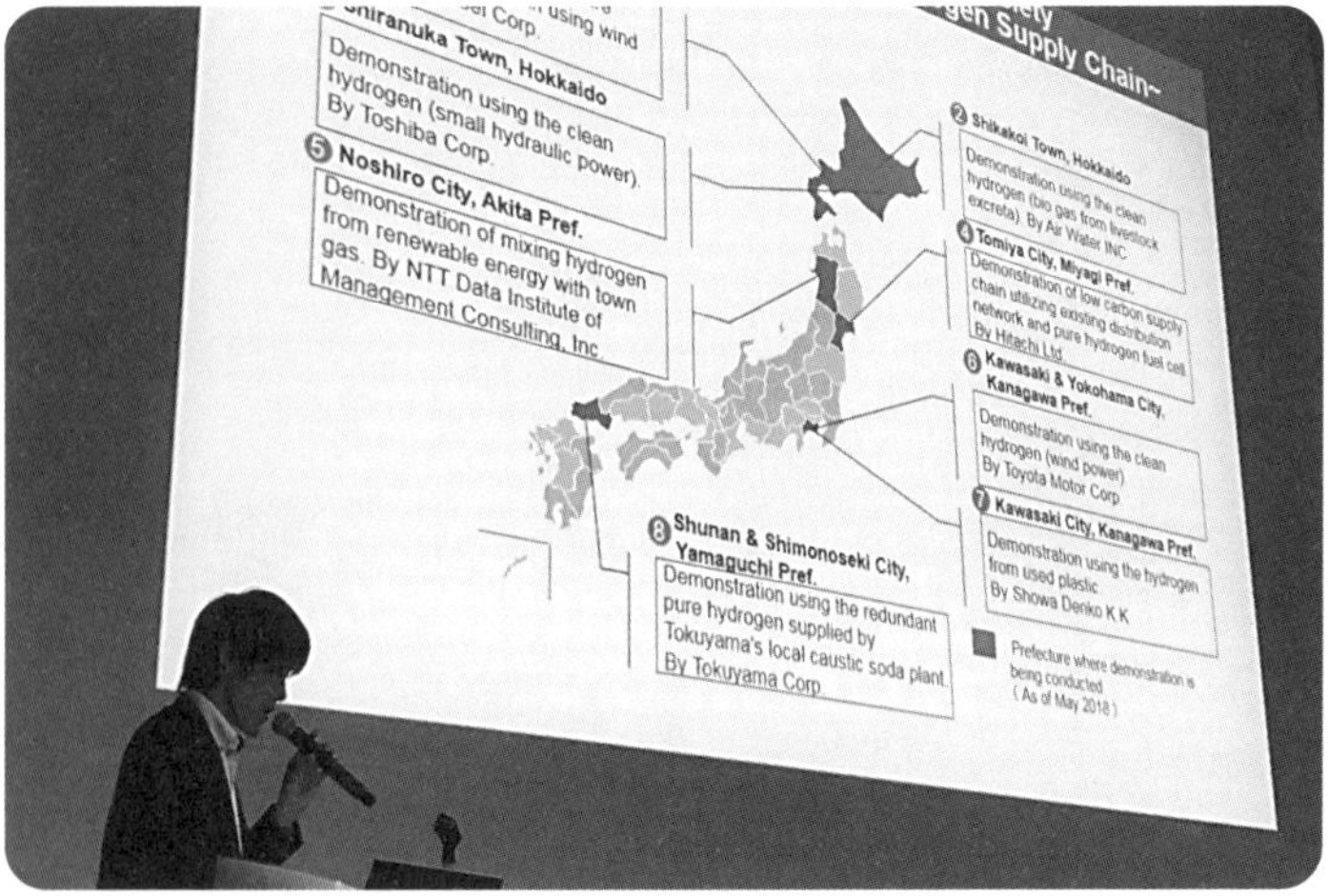

「グランド再生可能エネルギー2018国際会議」で英語で施策を紹介する香田さん

る大手メーカーを訪問して、その企業《きぎょう》がやりたいことを聞いたり、環境省がその企業《きぎょう》をどう支援《しえん》できるのかを相談したりしていました。実際に気候変動対策に動いてくださるのは企業《きぎょう》や事業所なので、『環境省がこう決めたので、こうしてください』と一方的に言うのではなく、気候変動対策という同じ目的に向かう同志・チームという意識で、『どういうやり方ならできそうですか?』と相談しながら『いっしょにやりましょう』という姿勢で臨んでいました」

G20などの国際会議が日本で行われる時には、他国の大使に付《つ》き添《そ》い、ご案内をすることもあります。再生可能エネルギー関連の国際会議で、英語で環境省の施策紹介《しさくしょうかい》をしたこともありました。

「私は英会話が得意ではないので、いつも苦労しています。環境の専門用語の英単語を覚えたり、ジェスチャーを交えたりしながら、必死で対応しています。環境省職員をめざすにあたり、特別に必須《ひっす》の資格やスキルは思い当たりませんが、英語力はあるといいですね」

環境だけでなく幅広《はばひろ》く興味をもつこと

現在、香田さんは総合職事務系職員（文系職員）の採用も担当しています。どんな人に環境省に来てほしいかを聞いてみました。

「ずばり『環境だけに興味をもっていない人』ですね。環境省は『環境問題』のみに取り組んでいるわけではなく、世の中のあらゆる社会課題を環境という視点から解決する、という意識をもって取り組んでいます。みなさんも、いろいろなことにアンテナを張って、そのなかの自分が関心をもてるトピックについて、『それには環境がどのようにかかわるか』『環境という視点がどのように役立つか』を考えてみてほしいと思います」

香田さんをはじめとする環境省職員が、今日も国の環境政策を引っ張っています。

ドキュメント 2 環境配慮型素材の研究開発者

バイオプラスチック研究の最前線に立つ

株式会社《かぶしきがいしゃ》カネカ
バイオテクノロジー研究所《けんきゅうじょ》
佐藤俊輔《さとうしゅんすけ》さん

佐藤さんの歩んだ道のり

１９７９年新潟《にいがた》県生まれ。広島《ひろしま》大学工学部第三類卒業。同大学先端物質科学研究科修士課程修了《しゅうりょう》。２００４年カネカ入社。生分解性ポリマーの研究に従事。２００８年技術士（生物工学）取得。２０１３〜２０１５年ドイツのミュンスター大学に留学。２０１５年工学博士取得。現在は、同社バイオテクノロジー研究所の生分解性ポリマー研究チームのリーダーを務める。生き物が好きで、熱帯魚、シロメダカ、コザクラインコ、チワワを飼育中《しいくちゅう》。

必要とされる新しいプラスチック

コンビニエンスストアのお弁当の容器やレジ袋など、日常的に使われているいろいろな物がプラスチックでできています。「プラスチック」は総称で、物質名でいうとポリエチレン、ポリエステル、ペットボトルの材料のPETなどいろいろな種類があります。プラスチックは軽量でいろいろな形に加工しやすいため、あたりまえのように使い捨てられてきました。しかし、ふつうのプラスチックは、原料に石油を使っている点や、捨てた時に自然に分解されずに環境中に残ってしまう点が近年大きな問題になっています。プラスチックを回収してリサイクルしている自治体も増えてきましたが、世界では生産されたプラスチック製品全体の約9％しかリサイクルされていません。そのため、石油を原料としない生物由来のプラスチック（バイオマスプラスチック）や、土壌《どじょう》や水の中の微生物《びせいぶつ》の働きによって二酸化炭素と水に分解されるプラスチック（生分解性プラスチック）が必要とされています。この二つを合わせて「バイオプラスチック」と呼びます。

マイクロプラスチック問題解決の切《き》り札《ふだ》

佐藤さんは入社以来15年以上、生分解性プラスチックのひとつであるPHBH（ポリヒドロキシブチレート／ヒドロキシヘキサノエート。商品名・カネカ生分解性ポリマーGreen Planet）の開発に取り組んできました。「この5年くらいで急にPHBHが注目されるようになり、私も驚《おどろ》いています。カネカは1991年から生分解性プラスチックの研究をしていますが、この30年間あきらめないで続けてきたからこそ、やっと今花開いてきたのだと思います。30年前から生分解性プラスチックに目をつけた当時の社長の先見の明もすごいですよね。企業《きぎょう》の研究開発は採算が取れなければいけません。他社が生分解性プラスチックの研究開発からどんどん手を引いていくなかで、数年前までずっとＰＨＢＨを商品化できるのだろうか、と思っていたところもありましたが、今やっと手応えを感じています」と佐藤さんはこれまでの開発への思いを語ります。

　生分解性プラスチックの実用化の第一歩として、ＰＨＢＨは使い捨てのストローや、フォークやナイフなどのカトラリー、袋《ふくろ》などに使われています。生分解性プラスチックはポリ乳酸（ＰＬＡ）やでんぷん系などほかにもありますが、土の中だけでなく淡水や海水中でも数週間から数カ月で分解されるという点がＰＨＢＨの大きな強みです。これは海洋マイクロプラスチック問題の解決策となりえます。

　世界的にも注目されているＰＨＢＨの微生《びせい》物《ぶつ》を用いた生産研究を担当しているのは少数精鋭《せいえい》のチームです。佐藤さんは２０１７年にこのチームのリーダーになりました。どのように研究開発を進めているのでしょうか。

「私が上から指示を出すのではなく、いつもみんなで知恵《ちえ》を出し合いながら進めています。まず、『こういう課題があるが、こうしてみたらどうだろうか』と全員でアイデアを出します。つぎに、それをできる人が自主的に『私がやります』と手をあげてやっていきます。誰《だれ》も答えがわからないので、トップダウンで進めることはできません。研究開発においては上司も部下もなく、多くの人の意見を聞きながら、データを基にフラットな関係で議論することを重視しています。自分たちだけではわからないことがあれば、基礎《きそ》研究をしている大学の研究室に出向いて、議論をすることもあります」

バイオ化学へ舵《かじ》を切る

どうして佐藤さんは化学と生物学を複合した「バイオテクノロジー」の分野を志すようになったのでしょうか。

「小学生まで自然豊かなところで育ったので、今思えば、生き物への興味は昔《むかし》からあったのだと思います。家でカマキリやザリガニなどをたくさん飼《か》っていました。飼育《しいく》の方法も自分で工夫したりしていました」

中学、高校ではバスケットボール部の部活動に熱中しました。化学のおもしろさに気がついたのもこのころです。

「化学のなかでは、特に化学反応について興味をもちました。物理と世界史、英語も好きでしたね。高校3年生の秋に部活を引退すると、大学で化学を学びたいと思い、受験勉強を本格的にスタートしました」

広島大学の工学部第三類（化学系）に入学

生き物好きがバイオテクノロジーを志すことにつながった、とカマキリを手に佐藤さん

すると、趣味《しゅみ》のバックパック旅行を始めました。はじめは、大学の留学プログラムを利用しようと考えていたのですが、アルバイト代だけでまかなうには費用が高かったので、格安で行くにはどうするか、と考えバックパック旅行を始めました。

「30カ国くらいを一人で旅行しました。現地で自分と同じような旅行者の友だちをつくるのが楽しかったです。日本とは異なる海外の文化や価値観を知り、人生が豊かになったようにも感じています。今の仕事でも、研究室にこもっているだけではなく、ほかの部署の人と情報交換《こうかん》をしたり、研究の進捗《しんちょく》報告をしたりしますが、バックパック旅行で身につけたコミュニケーション能力が今に活きていると思っています」

大学3年生でコースが分かれる時に、バイオテクノロジーの分野を選択《せんたく》しました。

「化学を学ぶ学生の進路としていちばん主流なのは石油化学なのですが、これはすでに確立された学問という気がしていました。一方、バイオテクノロジーはこれから研究が進んでいく分野で、おもしろそうだと思いました。化学を勉強するうちに、環境に与《あた》える負の影《えい》響《きょう》も見えてきて、〃バイオの技術で環境負荷を低減する物質生産〃に大きな将来性を感じ、バイオの道に進もうと決めました」

この時にはまだ漠然《ばくぜん》とした考えでしたが、これがまさに佐藤さんが今取り組んでいるPHBHの開発につながっていきます。

環境バイオ分野の研究室に入り、大学院修士課程に進みました。

「微生物《びせいぶつ》を利用して、環境中のリンを濃縮《のうしゅく》・回収・肥料化する技術開発の研究をしていました。当時は肥料として大量のリンが使われており、それによって農業生産効率は高まったのですが、リン資源の枯渇《こかつ》や、海洋・湖沼

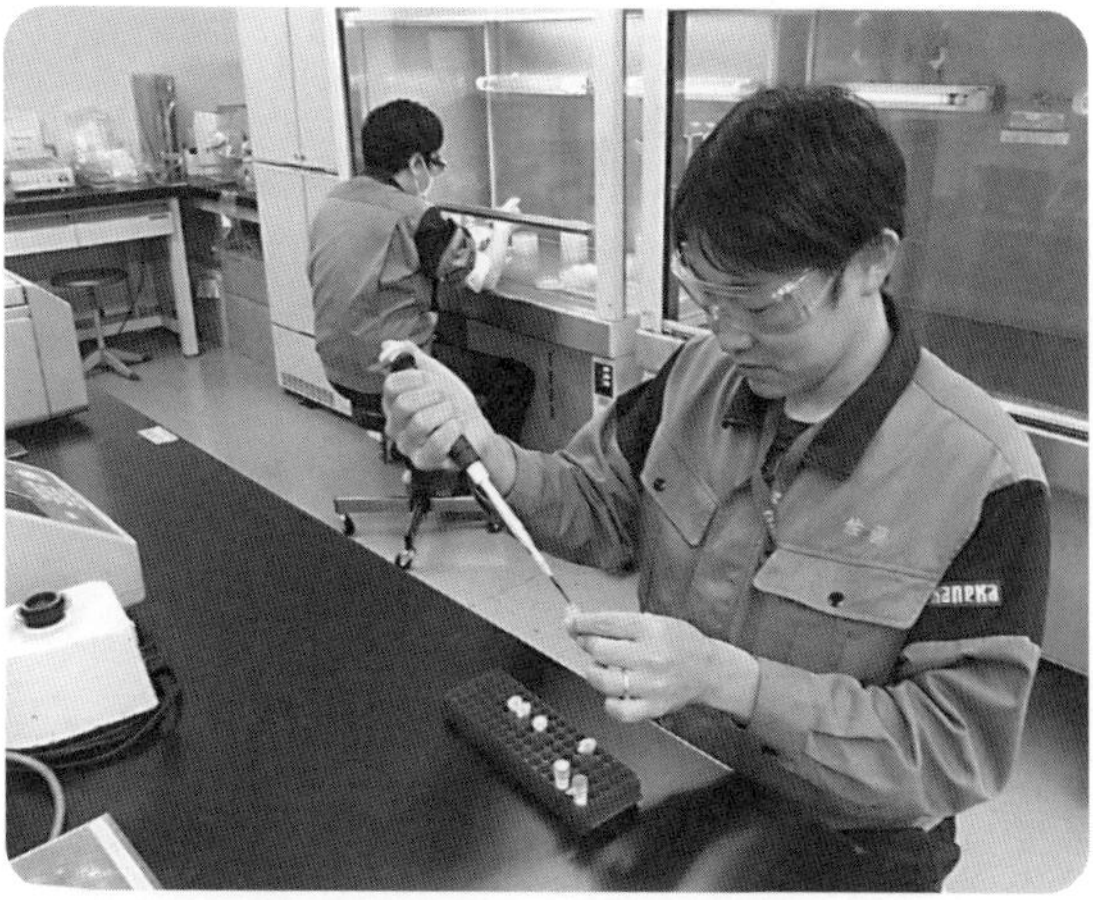

実験中の佐藤さん。品質とコストを両立させながら大規模に製造できるようにすることが課題

に流出したリン肥料による富栄養化によって起こる赤潮や青潮が問題となっていました。『微生物《びせいぶつ》の力を利用して環境負荷を低減させる技術』という点で、ＰＨＢＨの研究とも共通するところがあります」

研究はうまくいっていましたが、大学院博士課程に進むかどうかは迷ったそうです。

「一時は博士課程後期に進もうと決心し、就職活動を止めていました。しかし、大学での研究成果を実用化し、社会に還元《かんげん》するには企《き》業《ぎょう》に入るほうが早いと思い、土壇場《どたんば》で就職することに決めました。当時は就職氷河期でしたが、バイオ化学に強い株式会社カネカに内定が決まりました」

企《き》業《ぎょう》の研究者になるとは？

「企《き》業《ぎょう》の研究者として働くこと」と、「大学

の研究者として働くこと」との違《ちが》いはどこにあるのでしょうか。

「大学の研究は研究者の興味・関心からスタートすることが多いように思います。それに対して、企業《きぎょう》の研究開発は『消費者や市場に何が求められているのか』というところからスタートします」

まず研究の出発点が大きく異なり、研究開発の過程も異なるようです。

「商品化や実用化の大変さは、働いてみてはじめてわかりました。商品化する、つまり量産して販売《はんばい》できるようにするには、ただ『作れる』というだけではなく、安全に、安定して製造できなくてはいけません。コスト意識も必要ですし、いい技術を見つけても『生産性を落とすなら許容できない』と言われたこともあります。私が研究しているバイオポリマーも早くほかの製品のように、品質とコストを両立させながら大規模に製造しなくてはいけないと思います」

「研究成果を実用化し、社会に還元《かんげん》したい」と学生のころから考えていた佐藤さんには、企業《きぎょう》の研究者の仕事は合っていたようです。

「私は企業《きぎょう》の研究者として働くメリットは大きいと思っています。商品化の目処が立たなければ研究が打ち切られてしまう可能性がある一方、見込《みこ》みがあれば会社が全力でバックアップしてくれます。生分解性プラスチック研究の最先端《さいせんたん》のドイツの大学に留学する機会も与えてもらいました。2年間のドイツ留学では、文化や宗教的背景の異なる研究仲間とともに同じ目標をもって協力することの大切さや、ヨーロッパの環境意識の高さを体験することができ、成長できました。海外に多くの研究仲間ができ、それも財産です。行かせてくれた会社には感謝しています」

企業《きぎょう》の研究者は会社の社員なので、労働時間などは管理され、基本的にはあまり無理のない勤務体系にはなっていますが、「それでも、がんばらなくてはならない場面、勝負どころはあります」と佐藤さんは語ります。

佐藤さんは入社3年目に、カネカのシンガポール子会社にてPHBHの生産ラインを立ち上げるプロジェクトを任されました。通常のラボでは数リットル規模で生産していますが、工場での製造はその数万倍以上の規模になります。しかも、はじめてのスケールアップはカネカの子会社であるカネカシンガポールの設備を使って行うことになりました。

「はじめての海外出張が、実機での生産対応でした。先輩方《せんぱいがた》に教えていただきながら、カ

2年間のドイツ留学で、生分解性プラスチック研究の最先端にふれ、研究仲間ができた

ネカシンガポールの社員の方々とともに、生産工程を立ち上げました。もちろん、すべて英語での対応でした。生産はトラブル続きで、その都度、現地社員の方々に対応策について英語で説明し、理解をしていただかないといけない状況《じょうきょう》でした。今ふり返れば、よくあんな極限の状態で仕事をしていたなと思いますが、非常によい経験になりました。また、入社3年目でそういった経験をさせていただいたことは、とてもありがたかったです」

後進のために道を切《き》り拓《ひら》きたい

「今のPHBHでもストローやスプーンなどは十分満足のいくものが作れますが、まだ研究の余地はあります。たとえば、PHBHをもっと硬《かた》くしたり、逆に柔らかくすることができれば、作れる製品の種類の幅《はば》が広がって、もっといろいろな用途《ようと》に使えるようになります。私は15年以上PHBHの研究をしていますが、まだまだ可能性が感じられて、まったく飽《あ》きません」

「自分の仮説が正しく、研究が大きく前進した時はうれしい」と研究自体の楽しさもおおいに感じているそうです。

「研究は前例がないことを自分の考えを基に進めていきます。自分の仮説が正しいと思って進めますが、間違《まちが》っている可能性もあるので、うまくいかないことも多いです。逆に、うまくいった時は大きな喜びを感じます。研究の醍醐味《だいごみ》はそこにあると思います。たとえば、私が研究しているバイオポリマーは植物油脂《ゆし》を原料にして生産するのですが、その生産効率やポリマーの物性が飛躍的《ひやくてき》に向上したポイントとなった研究があります。そういった技術の構築をひとつずつ積み重ね、現在のプロセスになっています。実験がうまくいったことを示す分析《ぶんせき》データを見た時の場面は鮮《せん》明《めい》に覚えています」

この仕事をめざす人へのメッセージと心構えをうかがいました。

「何でもまずは自分の頭で考えてみることだと思います。これまであたりまえだと考えられてきたことが、実際には間違《まちが》っていることは非常に多いです。固定観念にとらわれず、データを基に自分の頭でゼロから考える能力が重要だと考えています。これからの時代は、学歴は関係なく、何ができるか、何がしたいかの意志を明確にもって、行動できる人が評価されるでしょう。若いうちに、自分の将来についてしっかりと考え、目標が達成できる道を考えて進んでください。まわりの大人にアドバイスを求めることをお勧めします。多くの人と議論する時間を大切にしてください」

そして最後に、佐藤さんは「ＰＨＢＨの研究開発のほかに、自分にはもうひとつ使命がある」と、覚悟《かくご》を感じさせるお話をしてくださいました。

「バイオ化学業界の規模は、今はまだ石油化学に及《およ》びません。それに対して、この分野を志す学生は多いため、この分野で環境専門家になるのは狭《せま》き門だと思います。でも、私たちががんばってこの市場を拡大できれば、今はこの分野で職を見つけられない学生たちが、これからこの業界で食べていくことができますよね。自分が苦労したぶん、これからこの分野を志してくれる人たちのためにレールを敷《し》き、道を切《き》り拓《ひら》きたいです」

環境を調査・分析して的確な情報を提供する

いであ株式会社《かぶしきがいしゃ》
国土《こくど》環境研究所《かんきょうけんきゅうじょ》
山崎甲太郎《やまざきこうたろう》さん

山崎さんの歩んだ道のり

1984年神奈川県生まれ。横浜《よこはま》国立大学大学院環境情報学府環境リスクマネジメント専攻修了《せんこうしゅうりょう》。2009年いであ株式会社入社。5年間の大阪《おおさか》支社勤務を経て、現在は横浜市にある国土環境研究所環境技術部で環境コンサルタントとして働いている。2017年に技術士（建設部門）の資格を取得。小さいころから幅広《はばひろ》く科学全般《ぜんぱん》に興味をもち、高校時代は天文部に所属。

環境コンサルタントとは?

環境コンサルタントは、環境についての知識をもち、顧客《こきゃく》の相談にのって、助言を行う専門家です。たとえば、国や地方自治体が環境に関する制度をつくったり見直しをしたりする時に、制度がもつ課題を調査・分析《ぶんせき》して、「現在は環境に対してこのような影響《えいきょう》が生じているので、新しい制度ではこのような考え方・対策を加えて環境をよくしましょう」と提案します。

山崎さんは大手環境コンサルタント企業《きぎょう》で、環境コンサルタントとして働いています。現在は、環境省・国土交通省・経済産業省といった国の省庁といっしょに行う仕事を担当しています。特に環境省からの依頼《いらい》が多く、国の水質汚濁《おだく》の管理制度のあり方を考える仕事、国内におけるさまざまな化学物質の汚染《おせん》状況《じょうきょう》を調べる仕事などを行っています。毎週のように環境省の担当者と打ち合わせをすることもあるそうです。ほかにも民間から依頼《いらい》された環境アセスメントにかかわる仕事をしています。

山崎さんの一日は、9時に出社し、顧客《こきゃく》からのメールチェックと、チーム内の情報共有・ミーティングを行うことから始まります。その後、顧客《こきゃく》の依頼《いらい》に応じた情報収集・整理・検討を踏《ふ》まえて報告資料を作成します。12時から13時まで昼休憩《ひるきゅうけい》を取り、17時半まで資料の作成を引き続き行います。急ぎの依《い》頼《らい》があれば、遅《おそ》いと22時ごろまで残業することもあります。現場に出て野外で調査を行う社員も多いのですが、山崎さんの場合は、オフィスワークが8割、出張や現場視察が2割程度だそうです。

「多様な複数の仕事が同時進行しているので、一日のスケジュールはその時の仕事に応じて変化します。重要性と緊急性《きんきゅうせい》の高い仕事を優先して進めることを心がけています。いわゆるルーチンワークはほかの業種に比較《ひかく》して少なく、臨機応変に対応する仕事が多いと思います」

身のまわりの自然に興味をもち調査

山崎さんはどうして環境コンサルタントになろうと思うようになったのでしょうか。

山崎さんは神奈川県寒川町《さむかわまち》で幼少期を過ごしました。市街地開発が進んではいるものの、雑木林や水田が残るような郊外《こうがい》の町です。

「自然のなかで遊ぶことが好きな子どもでした。夏場は毎日のように海に遊びに行き、キャンプ場などで川遊びをしていました。そのころの自然とのふれあい体験が、今の環境の仕事に結びついていると思います」

山崎さんは自分の原点をつぎのようにふり返ります。

「中学生のころ、親戚《しんせき》一同で自宅でバーベキューをしていた時に、家の近くを流れる小出川《こいでがわ》の1950年代の話を聞きました。昔《むかし》の小出川は夕食用の魚も獲《と》れ、川遊びすることができるくらいきれいだったと聞いて、信じられないと思ったことを覚えています。なぜ、今のような汚《きたな》い状態になってしまったのか、昔《むかし》のような姿に戻《もど》すことはできないのか、と考えるようになっていったのが、環境専門家の職業を意識するきっかけになりました」

高校生のころには、自分が住む町の大気中のダイオキシン濃度がきわめて高いという記事を読んだことで、自分でダイオキシンについて調べるようになるほど、環境や化学物質に対する関心が高まっていきました。

「大学入試の面接でも、その話をしました。大学は環境にかかわる研究室があるところを探し、環境問題を広く研究している研究室（現：横浜国立大学大学院環境情報学府環境安全管理学研究室）があることが入学の決め手となりました」

横浜国立大学工学部に入学すると、化学を中心に、環境問題とは直接はあまり関係のない機械工学や製図なども多岐《たき》にわたって学びました。

「今となって思えば、この時のある意味での回り道が、コンサルタントとして何でもやろうと思う素地になったと思います」

水質の研究を通して幅広《はばひろ》い知見を得る

大学院は、研究室をそのまま継続《けいぞく》し、横浜国立大学大学院環境情報学府環境リスクマネジメント専攻《せんこう》に進学しました。環境問題の基《き》礎《そ》である化学物質にかかわる安全学を中心に、リスクに対する専門的な知識を学びました。

「研究の進捗《しんちょく》報告会が毎週あり、発表の準備は大変でした。でも、研究室のほかの人たちが研究している大気・水質・土壌《どじょう》・リスクを推定するためのシミュレーションなどさまざまな分野の話も聞けて、自分の研究内容だけではなく、環境問題に対する幅広《はばひろ》い知見を得ることができました」

山崎さんは水質についての研究をしていました。この時に得た水質調査についての専門的な知見は、今の仕事でも役に立っているそうです。

「私は大学・大学院では、メダカ・ミジンコ・ムレミカヅキモという3種類の生物を利用して、河川水中の毒性物質の存在を把握《はあく》する研究をしていました。たとえば、除草剤《じょそうざい》の影響《えいきょう》はムレミカヅキモに強く出てきます。試験した3種類の生物のどれにも影響《えいきょう》がなければ、食物連鎖《れんさ》のどの段階の生物にも影響《えいきょう》が少ないと考える試験法です。神奈川県内の河川をいろいろと調べると、甲殻類《こうかくるい》に影響《えいきょう》する物質が含《ふく》まれる河川が多いとわかりました。また、『活性汚泥法《おでいほう》』と呼ばれる水処理方法で、その物質の多くは除去されることがわかりました」

　そんな山崎さんが環境コンサルタントの職業を知り、めざすようになったのは必然ともいえます。

オフィスワークだけでなく、河川の屋外踏査を行うことも

「大学生活を通じて、幅広《はばひろ》い環境問題にかかわりたいと考えるようになり、環境コンサルタントの道に進もうと思っていたため、就職時の迷いはありませんでした。現場での情報収集や分析《ぶんせき》から、方針の検討、対策まで一括《いっかつ》でたずさわることができる点で、環境コンサルタントに魅力《みりょく》を感じていました」

顧客《こきゃく》の欲しい情報を的確に

迷いなく選んだ道でしたが、実際に働いてみると、そう簡単ではないことに気が付きました。入社5年目には、こんな苦い経験もありました。

「とある会社に海の環境調査の調査結果を報告しに行った時のことです。膨大《ぼうだい》な環境調査の項目《こうもく》が要望されており、水質、大気、騒音《そうおん》、動物、植物、景観、廃棄物《はいきぶつ》……等々の項目《こうもく》について、詳細《しょうさい》に調査を行っていました。はじめて説明するお客さまでしたので、どんな質問にも答えられるように入念に下調べしており、その調査結果を伝えるとともに、現場の状況《じょうきょう》、分析状況《ぶんせきじょうきょう》なども具体的に示して説明しました。大学の時に塾《じゅく》講師のアルバイトをしていたこともあり、説明のスキルには自信がありました」

しかし、説明した後の顧客《こきゃく》の最初の言葉は、苛立《いらだ》ちながら「細かくてよくわからない、結局何が言いたいのか」ということでした。

「お客さまが欲しい情報を見きわめられずに、一方的にこちらががんばった結果を提示するという自己満足に陥《おちい》っていたために起きた失敗だと思っています。上司のサポートもあり事なきを得ましたが、その後、お客さまの要望や理解度などに応じた説明を心がけるようになりました。環境コンサルタントに限ったことではないですが、どんなによい仕事でも、その成果が相手に理解してもらえず、伝わらなければ意味がないと気付かされました」

最初は苦労していた山崎さんも、徐々《じょじょ》に顧《こ》客《きゃく》とのあいだに信頼《しんらい》関係を築けるようになりました。

「自分が主導した最初の大きな仕事がもっとも印象に残っています。いわゆる環境アセスメントの仕事でしたが、日本初の仕様も多く、正解がない状態でお客さまと試行錯誤《さくご》を行いました。3年間ほど同じお客さまといっしょに仕事をしていたのですが、やはり最初は若い私に対して不信感をもっており、厳しくご指導を受けることも多い状況《じょうきょう》で、私にとっては正直なところ相談の電話を受けるのが怖《こわ》く感じるようになっていました。しかし、一つひとつ仕事を続けるうちにだんだんと信頼《しんらい》関係を築くことができて、最後には私に『全部任せておけばだいじょうぶ』と言っていただけるようになりました。これはコンサルタントになってうれしかった出来事のひとつです」

データを分析《ぶんせき》して事実を提示するだけではなく、顧客《こきゃく》との信頼《しんらい》関係があってこその仕事だと、山崎さんは実感しています。

「この仕事の目的は、お客さまの困りごとを解決することであり、よい仕事がそのままお客さまの笑顔《えがお》につながるため、その点でやりがいを感じます。お客さまと信頼《しんらい》関係を築くまでが大変ですが、やりとりを何度も重ね、となりでいっしょにやっていくパートナーになれた時は楽しいです」

環境コンサルタントはチームの潤滑剤《じゅんかつざい》

入社10年目ごろから、国の基本方針や制度を決めることにかかわる大きな仕事も任されるようになりました。環境省の担当者や大学の研究者など、違《ちが》う立場の人がたくさん集まって議論する検討会で、山崎さんたちがリーダーシップを取ります。これは大変ですが、

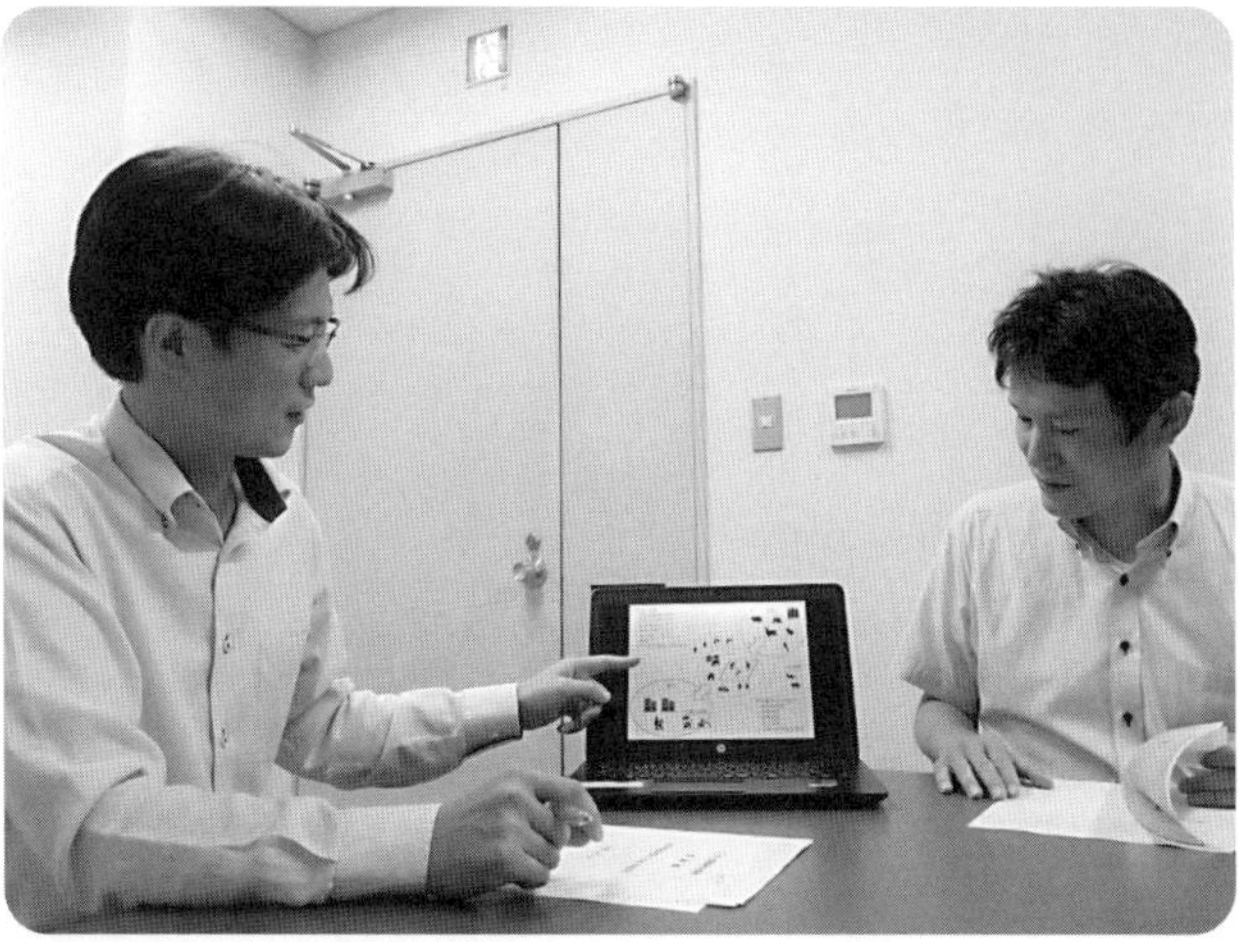

お客さまと信頼関係を築くまでが大変、という山崎さん

仕事のなかでもっともやりがいを感じる時だそうです。

「環境省などの省庁、大学の先生たちがどんな環境問題でもたちまち解決する策を見出すことができるわけではありません。そのため、何か新しい方法を試そうとすると、今まで誰《だれ》もやったことのない仕事になり、苦労することも多いです。だからこそ、お客さまや大学の先生などを含《ふく》めてチームで協力して解決策を見出せると、その苦労のぶんだけやりがいを感じます」

山崎さんは今、国の水質汚濁《おだく》の管理制度の検討・見直しを担当しています。

「現在、瀬戸内海《せとないかい》などの閉鎖性《へいさせい》海域と呼ばれる海で、窒素《ちっそ》、リンなどの栄養塩が少なすぎるのではないか、との指摘《してき》があります。そのため、水質汚濁《おだく》に関する最新の論文など科学的知見を踏《ふ》まえてさまざまな栄養塩の管理のあり方を議論しているところで、今後の管理方法がほんとうに環境にとって望ましい対応であるのか、水環境の専門家の先生も含《ふく》めて検討しているところです。

ここでも重要になるのがコミュニケーションだそうです。

「環境問題は多くの立場の人がかかわることから、コミュニケーションが非常に重要であり、さまざまな観点から検討を加えたうえで、合意を確認しながら対策を進める必要があります。環境省などの省庁、大学の先生がそれぞれ単独で実施《じっし》できる対策には限界があり、横断的にチームとなって課題に取り組む必要があります。そのため、環境コンサルタントと呼ばれるわれわれのような立場は、各者の間を取りもつ潤滑剤《じゅんかつざい》としての役割を担う点で重要になっています。チームとして環境問題の解決に貢献《こうけん》していきたいと考えています」

複雑な環境問題の本質を見抜《みぬ》く

山崎さんが考える、環境コンサルタントにもっとも必要な素質とは何でしょうか。

「相手を気づかう心と本来の課題を見出す能力が重要だと思っています。現在の環境問題は、過去の公害問題のように原因と結果が明確ではありません。さまざまな社会状況《じょうきょう》が原因となっており、複雑にからみあった結果として環境問題が生じています。しかし、環境問題を起こさないために縄文《じょうもん》時代のような生活に戻ることはできません。環境問題を解決すると同時に、開発や経済発展も両立したいわけです。そのため、環境という観点だけではなく経済、社会、時には法律、人の心理

社内の哺乳類担当との相談。環境問題には多様な立場の人がかかわる

などもも含《ふく》めてさまざまな観点をもつとともに、かかわってくる関係者の気持ちを汲《く》みとったうえで環境問題への対応策を考えていく必要があると考えています」

理系でも、経済や法律なども知っておく必要があるようです。いろいろなことに興味をもって、学習し続ける資質が必要であると山崎さんは語ります。

「会社に入ってからのほうが学ぶことが多いです。科学的な検討や解決策の検討を行ううえで、統計学、プログラミング、人工知能（ＡＩ）などのツールを扱える人材であることもさらに重要になっています。時代とともに新たな解決方法も取《と》り込《こ》み、お客さまに提示していくことが必要です」

視野を広くもつことが大事

最後に、環境コンサルタントをめざす人へのメッセージをお聞きしました。

「環境コンサルタントの仕事の範囲は多岐《たき》にわたっていて、さまざまな知見をもつ人が力を発揮できる職種と考えています。もし学生時代に水質や川の流れ方などのシミュレーション、化学分析《ぶんせき》、生物調査などのスキルをみがいているのでしたら、そのスキルをそのまま活用して、環境問題の解決に取り組むことが可能な職種だと思います。一方で、時代とともに環境コンサルタントの仕事は変化しています。学生時代に取り組んだ勉強や研究だけで、一生涯《いっしょうがい》ずっと同じ仕事をすることは難しいと思います。そのため、就職した後も、まったく知らない仕事にチャレンジしたり、新規分野の勉強を継続《けいぞく》したりすることが重要です。学生時代においても同様の心構えをしておくとよいかもしれません。「私の専門には関係ないから」と言って食《く》わず嫌《ぎら》いをせず、興味ある分野はいろいろと勉強してみてはいかがでしょうか。さまざまな環境問題の解決にかかわることができる職種のひとつとして、環境コンサルタントという進路を選択肢《せんたくし》に入れてもらえればうれしいです」

2章

環境専門家の世界

人間の活動と環境問題は切っても切れない関係にある

環境問題とそれに対する環境専門家の取り組み

私たちをとりまくものすべてが「環境」ですが、「環境」という単語はよく「汚染《おせん》」や「保護」とセットで使われます。それでは「環境を守る」という意識はいつごろ生まれたのでしょうか？　また、「環境問題」には、地球温暖化、大気汚染《おせん》、水質汚濁《おだく》、ごみ問題など、さまざまな種類があります。環境専門家たちはこれらの問題に対処しようと日々努力していますが、いつから環境専門家が必要とされるようになったのでしょうか？　これらは産業の発展の歴史と深い関係があります。時代を追って見ていきましょう。

●公害

環境問題が意識されはじめたのは、18世紀半ばにイギリスで始まった産業革命の時代です。当時、石炭を燃やして蒸気機関を動かす時に出る黒い煙《けむり》は、そのまま大気中に排出《はいしゅつ》されていました。こうした排気《はいき》に含《ふく》まれるばい煙（ものを燃やすときに出るすすや有害物質など）や粉じん（ものが細かく砕《くだ》けたちりなどの小さな粒子状《りゅうしじょう》物質）は大気汚染《おせん》を引き起こします。それによって、肺炎《はいえん》などの呼吸器疾患《しっかん》になる人が多くでました。

産業排水《はいすい》による水質汚濁《おだく》や土壌汚染《どじょうおせん》も起こりました。日本でも１８８０年代に栃木《とちぎ》県の足尾銅山《あしおどうざん》で、日本初の公害事件である足尾銅山鉱毒事件が起こっています。この原因は銅の精錬時の燃料から出る排煙《はいえん》や、二酸化硫黄《いおう》を主成分とする鉱毒ガス、排水中《はいすいちゅう》の銅イオンなどの金属イオンでした。

このように人びとに健康被害《ひがい》を及ぼす環境問題が「公害」です。大気汚染《おせん》、水質汚濁《おだく》、土壌汚染《どじょうおせん》、騒音《そうおん》、振動《しんどう》、地盤沈下《じばんちんか》、悪臭《あくしゅう》が「典型七公害」と呼ばれます。

公害がさらに深刻化したのは、戦後の高度経済成長期です。工業化にともなう大気汚染《おせん》や水質汚濁《おだく》が各地で発生し、それによる人びとの健康被害《ひがい》はたいへんな問題になりました。日本で水俣病《みなまたびょう》、新潟《にいがた》水俣病、四日市《よっかいち》ぜんそくなどの公害病が発生したのもこのころです。

１９６０年代には工場や自動車から、硫黄《いおう》酸化物や窒素《ちっそ》酸化物などのガスや、浮遊粒《ふゆうりゅう》子状《しじょう》物質ＳＰＭ（すすや砂塵《さじん》などの大気中に浮遊《ふゆう》する粒子状《りゅうしじょう》物質のうち、直径が10マイクロメートル以下のもので長時間大気中を浮遊《ふゆう》している粒子《りゅうし》）がたくさん排出《はいしゅつ》されていました。これらは、人びとにぜんそくなどの呼吸器障害を引き起こしました。１９７０年代には、光化学オキシダント（工場の煙《けむり》や自動車の排気《はいき》ガス中の窒素《ちっそ》酸化物や炭化水素が太陽光に当たると発生する、酸化力の強い物質）が煙霧状《えんむじょう》になった「光化学スモッグ」が発生しました。光化学スモッグで目やのどが痛くなったり呼吸が苦しくなったりしてしまうので、外に出られない日もあったそうです。

これに対し、１９６８年に「大気汚染《おせん》防止法」が、１９９２年には「自動車ＮＯx・ＰＭ法」が制定され、工場や自動車からの排気《はいき》が管理されるようになりました。ディーゼル車は都道府県の条例などで乗り入れが規制されています。公害対策のために、１９７０年に内閣に公害対策本部が設置され、１９７１年に環境庁が設置されました。その後、環境庁は２００１年に環境省になりました。

●酸性雨とオゾン層の破壊《はかい》

１９８０年代から90年代になると、「酸性雨」や「オゾン層の破壊《はかい》」が問題視されるようになります。

酸性雨とは酸性度pH《ピーエイチ》がおよそ５・６以下の酸性の雨のことです。工場や自動車の排気《はいき》ガスなどに含《ふく》まれる窒素《ちっそ》酸化物ＮＯxや硫黄《いおう》酸化物ＳＯxが雨水に混ざると、酸性の強い雨になります。それが地上に降ってくると、植物を枯《か》らしたり、銅像を溶《と》かしたりします。

高度経済成長期の1971年、神奈川県川崎市の臨海工業地帯のようす 毎日新聞社提供

特にヨーロッパで深刻な問題となっていました（ただし、近年の研究結果では、ドイツのシュバルツバルトなどで大規模に森林が枯《か》れたのは酸性雨のせいではないという説もあります）。

「オゾン層」とは地上約10～50キロメートルの大気の成層圏《せいそうけん》のなかにある、オゾンが多い層のことです。オゾン層は太陽からの紫外線《しがいせん》を吸収し、地上の生態系を守っています。クロロフルオロカーボン（塩素・フッ素・炭素からなる分子）など、フッ素を含《ふく》むハロゲン化炭化水素の日本における総称である「フロン」には、燃えにくい、

図表1 2020年９月20日のオゾン全量南半球分布図

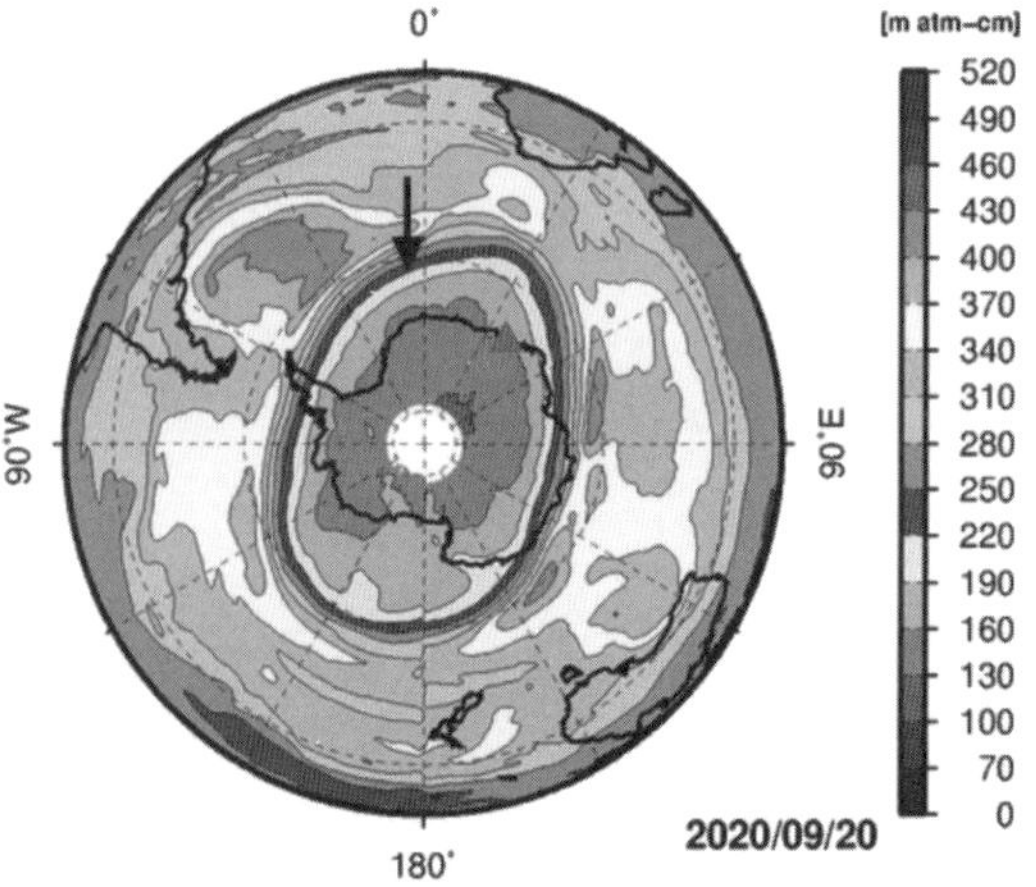

矢印で示した円の内側がオゾンホールを示す。

出典：米国航空宇宙局（NASA）の衛星観測データをもとに気象庁が作成した図を加工

毒性が低いなどの利点があり、冷蔵庫やエアコンの冷媒《れいばい》などに使われていました。しかし、フロンは大気中に放出されると、成層圏《せいそうけん》まで上昇《じょうしょう》し、太陽からの紫外線《しがいせん》で分解されて、塩素原子を放出します。この塩素原子がオゾンを破壊《はかい》します。特に、南極上空でオゾンの量が著しく少なくなる現象が発見され、このオゾンの薄い部分は「オゾンホール」と呼ばれるようになりました。

そのため、１９８９年に発効したモントリオール議定書で特定フロンの使用が厳しく規制されました。日本は１９９５年に特定フロンを、２００３年に代替《だいたい》フロンを全廃《ぜんぱい》しています。今は冷蔵庫の冷媒《れいばい》にはイソブタンというフロンでない物質が使われています。世界中で対応した結果、南極上空のオゾンホールの最大面積はだんだん小さくなり、オゾンホールが開いている期間も短くなってきています。

●PM2・5

「ＰＭ２・５」という言葉を聞いたことがあるのではないでしょうか。大気中に浮遊《ふゆう》する粒子状《りゅうしじょう》物質のうち、粒子《りゅうし》の直径が２・５マイクロメートル以下のものを「ＰＭ２・５」といいます。非常に小さい粒子《りゅうし》であるために、肺の奥深《おくふか》くまで入りやすく、呼吸器疾患《しっかん》だけでなく、肺がんや循環器疾患《じゅんかんきしっかん》をも引き起こすともいわれています。大気汚染《おせん》物質の量は、環境省大気汚染《おせん》物質広域監視《かんし》システム（そらまめ君 http://soramame.taiki.go.jp）などで常にモニターされています。

このように、環境問題は時代の変遷《へんせん》とともに変化し、その解決のために環境専門家たちは努力してきました。そして２０２０年代の今、もっとも問題視されている環境問題は「地球温暖化」と「プラスチックの廃棄《はいき》」です。これらについては、つぎの項《こう》でくわしく見ていきましょう。

ここまでに見てきたように、環境問題は人間の活動と切っても切れない関係にあります。地球の「自然環境」と、「産業」や「日常生活」などがたがいにどのように影響《えいきょう》しあって

図表2 温室効果のしくみ

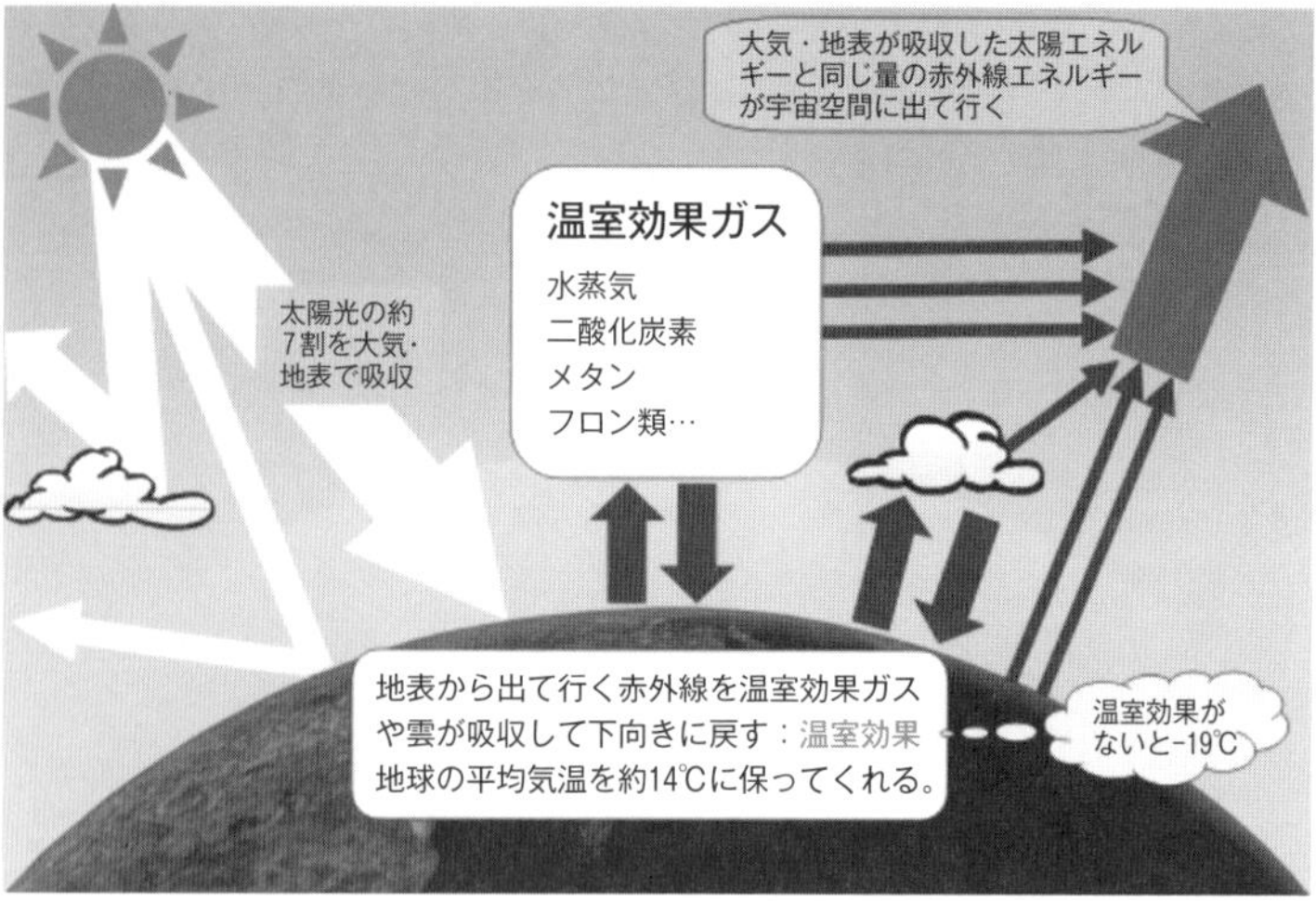
大気・地表が吸収した太陽エネルギーと同じ量の赤外線エネルギーが宇宙空間に出て行く
温室効果ガス
水蒸気
二酸化炭素
メタン
フロン類…
太陽光の約7割を大気・地表で吸収
地表から出て行く赤外線を温室効果ガスや雲が吸収して下向きに戻す：温室効果
地球の平均気温を約14℃に保ってくれる。
温室効果がないと−19℃

出典：気象庁ホームページより

いるか、全体を俯瞰《ふかん》して考える「環境システム学」という学問分野があります。こうした物事のあいだの相互《そうご》作用を考えるようにすると、環境のいろいろな事象を理解しやすくなると思います。

地球温暖化は何が問題か

「地球温暖化が起こっている」ということは、もうみなさんも知っていると思いますが、どのようにして地球温暖化は起こり、それがなぜ問題なのでしょうか？

もともと、地球の大気中の二酸化炭素やメタンなどの「温室効果ガス」は、宇宙空間に熱を逃《に》がしにくくしていま

図表3 地球温暖化の影響

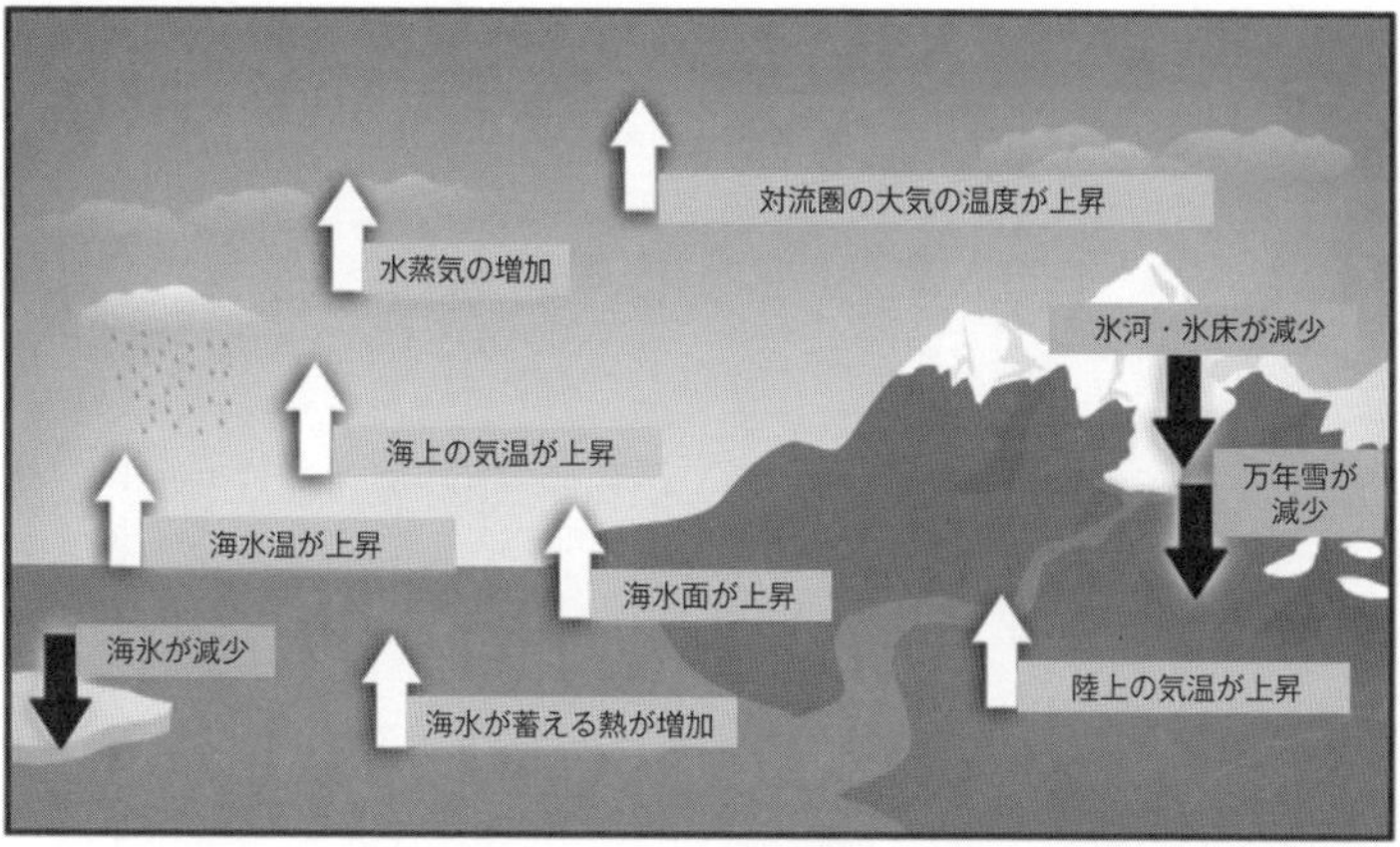

出典：米国海洋大気庁国立気候データセンター（NOAA NCDC）より改変

す。そのおかげで、地球の平均気温は約15℃と、暑すぎも寒すぎもしない、ちょうどよい環境になっています。地球温暖化とは、大気中の「温室効果ガス」の量が急激《きゅうげき》に増えて、地球全体の気温が急激《きゅうげき》に上がる現象のことです。地球全体が厚すぎる毛布に包まれてしまっているようなイメージです。

　地球が温暖化すると、北極圏《ほっきょくけん》や南極の氷が溶《と》けます。特にグリーンランドなどの陸地にある氷が溶《と》けた場合、その水は海に流《なが》れ込《こ》み、海水が増えるので、海水面が上《じょう》昇《しょう》します。そうすると、海抜《かいばつ》の低い土地は海に沈んでしまいます。異常気象も起こりやすくなります。気温が高いほど海水が蒸発しやすくなるので、超大型の台風が発生しやすくなります。雨の多い場所では今よりもたくさんの雨が降りやすくなる一方、今でも雨が少ない場所では干ばつがより起こりやすくなるなど、極端《きょくたん》な気候が多くなります。気候が変わると作物が今までと同じように育たなくなり、世界的な食料不足になってしまうこともありえます。

２０１５年12月にフランスのパリで開催《かいさい》された第21回国連気候変動枠組《わくぐみ》条約締約国会議《ていやくこくかいぎ》（ＣＯＰ21）で、地球温暖化対策の世界的な協定である「パリ協定」が採択《さいたく》され、２０１６年11月に発効しました。産業革命前からの気温上昇《じょうしょう》を＋２℃未満に抑《おさ》えることをめざす協定です。１９９７年にも地球温暖化に対する世界的な条約である「京都議定書」が採《さい》択《たく》されましたが、京都議定書では先進国だけに温室効果ガスの排出削減《はいしゅつさくげん》目標の設定が求められていました。それに対して、パリ協定では「新興国を含《ふく》めすべての国が目標を設定する」というものになった点が画期的です。２０２１年現在、約１９０の国・地域が批《ひ》准《じゅん》しています。各国は削減《さくげん》の結果を報告・検証し、5年ごとに目標を見直します。

パリ協定が発効され、地球温暖化を食い止めるために、各国が化石燃料から脱却《だっきゃく》し、温室効果ガスの排出《はいしゅつ》と吸収の差し引きをゼロにする「脱《だつ》炭素化」を進めています。温室効果ガスの排出量《はいしゅつりょう》を減らすには、排出《はいしゅつ》する量を減らす・排出《はいしゅつ》された温室効果ガスを回収する、という二つのアプローチがあります。

日本では、政府が「2050年に温室効果ガスの排出量《はいしゅつりょう》を実質ゼロにする」という方針を打ち出しています。「温室効果ガスの排出量《はいしゅつりょう》を実質ゼロにする（カーボンニュートラル）」とは、温室効果ガスの排出量《はいしゅつりょう》と回収量をつり合わせてプラスマイナスゼロにする、という意味です。同様に、120カ国以上がこの目標を掲《かか》げています。二酸化炭素を世界でいちばん排出《はいしゅつ》している中国も2060年までの達成をめざしています。

二酸化炭素の排出量《はいしゅつりょう》が世界で2番目に多いアメリカは、2019年11月にパリ協定から脱退《だったい》しましたが、バイデン大統領の就任後、すぐに協定に復帰しました。ヨーロッパでは、二酸化炭素の排出量《はいしゅつりょう》に応じて課税する「炭素税」を導入している国もあります。炭素税はフィンランドで1990年に始まり、スウェーデン、デンマーク、フランスなどで導入されています。このように世界全体で地球温暖化の防止に積極的に取り組んでいます。

プラスチックは何が問題か

日本では2020年7月からレジ袋《ぶくろ》の有料化が始まりました。「脱《だつ》炭素化」と同様に、「脱《だつ》プラスチック化」も進められています。プラスチックは軽くて加工しやすく、さまざまな用途《ようと》に使えてとても便利である一方、日本では年間約900万トンが使い捨てにされてごみになっています。また、従来のプラスチックは石油を原料にしていることと、水や土の中で分解されず環境中に残ってしまうという問題があります。さらに、捨てられたプラスチックが太陽光や海水によって劣化《れっか》して細かく砕《くだ》け、5ミリメートル以下の大きさになった「マイクロプラスチック」が近年大きな問題になっています。近年明らかになってきた問題なので、マイクロプラスチックを飲《の》み込《こ》んでしまった生物が受ける影響《えいきょう》などについてくわしいことはまだ不明ですが、いずれにせよプラスチックの利用や処分についての対策は必要です。

今取られている対策として、植物由来の「バイオマスプラスチック」、自然界で分解される「生分解性プラスチック」の使用を増やすこと、「リサイクル」があります。

「バイオマスプラスチック」はトウモロコシ（デントコーン）やサトウキビのでん粉、トウゴマのひまし油などから作られています。原料が完全に植物由来のものと、植物由来のものと石油を併《あわ》せて使っているものがあります。バイオマスプラスチックも焼却《しょうきゃく》すると二酸化炭素が発生しますが、原料の植物が光合成で吸収していた二酸化炭素の分と相殺されるので、地球温暖化対策にも効果があるとされています。

「生分解性プラスチック」は、1章の佐藤さんのインタビューでもくわしく紹介《しょうかい》していますが、土壌《どじょう》や水の中の微生物《びせいぶつ》の働きによって、時間が経つと二酸化炭素と水に分解される画期的なプラスチックです。幅広《はばひろ》い用途《ようと》での実用化に向けて、研究が進められています。

海岸に打ち上げられたプラスチックごみ。東京都港区のお台場海浜公園で　毎日新聞社提供

バイオマスプラスチックと生分解性プラスチックを合わせて「バイオプラスチック」ともいいます。

プラスチック容器から紙容器への転換《てんかん》や、プラスチックを分別して回収する「リサイクル」も広まってきました。プラスチックのリサイクル方法は、大きく3種類に分けられます。①マテリアルリサイクル（プラスチック製品に再生する）、②ケミカルリサイクル（還元材《かんげんざい》などの化学原料に再生する）、③サーマルリサイクル（焼却《しょうきゃく》して発電する）です。環境省の「プラスチックを取り巻く国内外の状況《じょうきょう》」の資料によると、日本ではサーマルリサイクルが約55％、マテリアルリサイクルが約20％、ケミカルリサイク

河川の調査で見つかったマイクロプラスチック。千葉県野田市山崎の東京理科大学で　毎日新聞社提供

ルが約5％、残りの約20％は埋《う》め立《た》てと単純焼却《しょうきゃく》という現状です（2020年現在）。

プラスチックを回収しているのに結局半分以上は燃やされてしまうのは、少し意外に感じられるかもしれませんが、マテリアルリサイクルにはエネルギーやコストがかかりすぎるという課題があります。現実的には、新しくプラスチックを作ったほうが環境にやさしいというわけです。原料の採取→生産→使用→リサイクル→廃棄《はいき》の全過程での環境への影響《えいきょう》を考える必要があります。

新技術で環境問題に立ち向かう

環境問題は地球規模の課題なので、そ

う簡単に解決できるものではありません。しかし、新しい科学技術によって状況《じょうきょう》を改善している例もあります。

2019年に吉野彰博士《よしのあきらはくし》らが、「リチウムイオン電池」を開発した功績により、ノーベル化学賞を受賞しました。実はこれも環境問題と深い関係があります。リチウムイオン電池は、携帯《けいたい》電話やノートパソコン、電気自動車などに使われている充電《じゅうでん》池《ち》で、今や私たちの生活には欠かせないものです。ノーベル財団は、受賞理由に「再生可能エネルギーの利用の可能性を広げ、化石燃料からの脱却《だっきゃく》に貢献《こうけん》した」「太陽光発電や風力発電の電気を貯めることができ、化石燃料を使わない世界を実現させるかもしれない」と述べています。化石燃料を使わない世界とは、すなわち、二酸化炭素を排出《はいしゅつ》しないで地球温暖化の進行を抑《おさ》える世界、という意味です。リチウムイオン電池はただ便利だというだけではなく、環境問題の解決にもつながる発明だと認められたというわけです。

「LED」も省エネの切《き》り札《ふだ》になります。LED（Light-Emitting Diode）とは、発光ダイオード、つまり光る半導体のことです。LEDは少ない電力（白熱電球の約20%、蛍《けい》光灯《こうとう》の約50%）で同等の明るさを得ることができ、寿命《じゅみょう》も長いという利点があります。2014年のノーベル物理学賞は、青色LEDを発明した功績により、赤﨑勇博士《あかさきいさむはくし》、天野《あまの》浩博士《ひろしはくし》、中村修二博士《なかむらしゅうじはくし》に贈《おく》られています。すでに開発されていた赤色と緑色のLEDに、青色も加わったことで、白色の光を作れるようになり、ＬＥＤの照明が普及《ふきゅう》しました。

大学や企業《きぎょう》では、こうした新しい技術の研究開発が日夜進められています。地球温暖化の研究者たちも「まだあきらめるような段階ではない。これから十分な対策をしていけば間に合う」と言っています。柔軟《じゅうなん》な発想力とチャレンジ精神をもつ「環境専門家」が必要とされています。

近年の注目トピック、ＳＤＧｓ《エスディージーズ》

●持続可能な社会をつくる世界的な目標

「ＳＤＧｓ」という言葉を、学校やニュースなどで聞いたことがあるのではないでしょうか？　近年、この「ＳＤＧｓ」が社会のいろいろなところでよく見られるようになりました。ＳＤＧｓとは、「Sustainable Development Goals：持続可能な開発目標」のことです。国連加盟１９３カ国が２０１６年から２０３０年までの15年間で達成するために掲《かか》げた目標です。環境をはじめ、経済や教育などさまざまな分野にわたる17の目標と、１６９のターゲットから成っています。２０１５年９月に「国連持続可能な開発サミット」で採択《さいたく》されました。

「持続可能な社会を実現する」とはどういうことなのでしょうか。「50年後も１００年後も人間が生き延《いの》びていくために、今のことだけではなく将来のことも考えて行動していこう」という目標がSDGsです。「『今、自分さえよければそれでいい』というのとは反対のこと」と考えてもよいでしょう。

たとえばエネルギー問題について考えてみましょう。石油や石炭はとりあえず今使うぶんはあります。火力発電は発電にかかる費用が安く、便利なので現状維持《いじ》でいきましょう。火力発電で排出《はいしゅつ》される二酸化炭素のせいで、地球温暖化が進んで多少暑くなっても仕方ない……。しかし、そんなことを続けていったら、私たちの子どもや孫の世代も幸せに暮《く》らせるでしょうか？　きっと暮《く》らせなくなってしまいますよね。今の私たちの行動が、将来の世代に多くの負担を強いることになってしまうかもしれません。「将来のことも考えて、今から取り組んでいく必要がある」と世界が動き出しています。

●SDGsと環境問題

SDGsには、貧困問題の解決や男女平等、教育など社会におけるさまざまな目標が含《ふく》まれています。そのうち、環境問題と関係が深いものとして、以下があります。

「目標6　安全な水とトイレを世界中に」
「目標7　エネルギーをみんなに　そしてクリーンに」
「目標11　住み続けられるまちづくりを」

「目標12　つくる責任　つかう責任」
「目標13　気候変動に具体的な対策を」
「目標14　海の豊かさを守ろう」
「目標15　陸の豊かさも守ろう」

それぞれの目標について具体的な行動方針を示したターゲットの一部を紹介《しょうかい》すると、次のようなものがあります。

「6・1　2030年までに、全ての人々の、安全で安価な飲料水の普遍的《ふへんてき》かつ平等なアクセスを達成する」
「7・2　2030年までに、世界のエ*ネルギーミックスにおける再生可能エネルギーの割合を大幅《おおはば》に拡大させる」
「11・6　2030年までに、大気の質及《およ》び一般《いっぱん》並びにその他の廃棄物《はいきぶつ》の管理に特別な注意を払《はら》うことによるものを含《ふく》め、都市の一人当たりの環境上の悪影響《あくえいきょう》を軽減する」
「12・4　2020年までに、合意された国際的な枠組《わくぐ》みに従い、製品ライフサイクルを通じ、環境上適正な化学物質やすべての廃棄物《はいきぶつ》の管理を実現し、人の健康や環境への悪影《あくえい》響《きょう》を最小化するため、化学物質や廃棄物《はいきぶつ》の大気、水、土壌《どじょう》への放出を大幅《おおはば》に削減《さくげん》する」
「13・2　気候変動対策を国別の政策、戦略及《およ》び計画に盛《も》り込《こ》む」

＊**エネルギーミックス**　社会全体に供給する電気を、さまざまな発電方法を組み合わせてまかなうこと。

「14・1 2025年までに、海洋ごみや富栄養化を含《ふく》む、特に陸上活動による汚染《おせん》など、あらゆる種類の海洋汚染《おせん》を防止し、大幅《おおはば》に削減《さくげん》する」
「15・1 2020年までに、国際協定の下での義務に則って、森林、湿地《しっち》、山地及《およ》び乾《かん》燥《そう》地《ち》をはじめとする陸域生態系と内陸淡水生態系及《およ》びそれらのサービスの保全、回復及《およ》び持続可能な利用を確保する」

ターゲットを見ると、「持続可能な社会」の具体的なイメージがわかります。ほかにもたくさんありますので、ぜひ見てみてください。農林水産省のウェブサイトなどですべて紹介《しょうかい》されています。

現在起きている環境問題は、国や地域を超《こ》えて地球規模で影響《えいきょう》し合うものも多く、地球全体で問題解決に取り組んでいく必要があります。世界中で同じ目標を掲《かか》げて、「この年までに達成しよう」、「みんなでいっしょに取り組んでいこう」、そして「誰《だれ》一人取り残さない」というのがSDGsの意義です。

企業《きぎょう》の活動にも環境の視点が必須《ひっす》

書店の環境のコーナーには、SDGs関連の本がたくさん置かれています。環境を学びたい学生向けの本もありますが、その多くはビジネスパーソン向けです。なぜビジネスに

「持続可能性」の観点が必要なのでしょうか。

これまで、企業《きぎょう》の活動方針には「ＣＳＲ（Corporate Social Responsibility：企業《きぎょう》の社会的責任）」というものがありました。企業《きぎょう》は自社の利益を追求するだけではなく、環境への配慮《はいりょ》やボランティアなどによって社会貢献《こうけん》もしようという方針です。最近は「ＥＳＧ（Environment, Social, Governance：環境・社会・ガバナンス）」に各企業《かくきぎょう》が積極的に取り組んでいます。たとえば、地球温暖化対策に積極的な企業《きぎょう》のランキングが発表されていたり、各企業《きぎょう》が「気候変動イニシアティブ」や、自社で使用する電気をすべて再生可能エネルギーに切《き》り替《か》える「ＲＥ１００」などの環境保護の活動に賛同していることをアピールしたりしています。自動車よりも二酸化炭素の排出量《はいしゅつりょう》が少ない鉄道を使って輸送していることを示す「エコレールマーク」がついている商品も見かけます。環境に配慮《はいりょ》することが、企業《きぎょう》価値を高めることにつながっています。企業《きぎょう》にとって環境対策は、今や必要に迫《せま》られて渋々《しぶしぶ》やることではなく、企業《きぎょう》活動の一部であり、さらにはビジネスチャンスになっているのです。

２０２０年からの新型コロナウイルス感染症《かんせんしょう》の感染拡大で、世界中の経済活動が大きく落《お》ち込《こ》みました。企業《きぎょう》がつぶれてしまうかもしれないような危機的な状況下《じょうきょうか》では、環境への配慮《はいりょ》は二の次とされても仕方ないのですが、そのようななかでも「グリーンリカバリー」という方針を示す企業《きぎょう》があります。環境も大事にしながら、売り上げを回復していこうという方針です。消費者の立場からも、環境に配慮《はいりょ》している企業《きぎょう》の製品を買ったり、その企業《きぎょう》の株式を買う「ESG投資」を行ったりすることによって、環境を守ることに貢献《こうけん》できます。これもぜひ知っておいてください。

日常生活から世界規模まであらゆる分野で活躍する環境専門家たち

さまざまな分野にわたる環境専門家の仕事

環境に関する仕事は非常にたくさんありますが、どの部分を手掛《てが》けているかに基づいて、大きく六つに分類してみました。

1. 政策・ルールづくり系
2. 環境分析《ぶんせきけい》系
3. リサイクル・廃棄物《はいきぶつ》処理系
4. 環境保護系
5. 研究開発系
6. その他

政策・ルールづくり系

国や地方公共団体などで行政にかかわる仕事をします。たとえば、環境に関する条例や基準をつくります。環境省や、都道府県・市町村の環境担当部署での仕事がこれにあたります。環境コンサルタントが国・地方公共団体と企業《きぎょう》をつなぎます。また、環境NGO・NPO職員の第三者の立場で、国・地方公共団体に助言をすることもあります。

●環境省職員

環境省は、温暖化などの地球環境、大気などの生活環境、自然環境、廃棄物《はいきぶつ》、放射性物質を含《ふく》めた化学物質など、環境の保全を担う省庁です。環境省の本省にはつぎの七つの部署があり、それぞれつぎのような仕事をしています。

大臣官房《かんぼう》 人事・法令・予算などについての総合調整、政策評価、広報活動、環境情報の収集など

環境再生・資源循環局《じゅんかんきょく》 福島《ふくしま》第一原子力発電所の事故による放射性物質汚染《おせん》への対処(除染、放射性物質に汚染《おせん》された廃棄物《はいきぶつ》の処理、中間貯蔵施設《しせつ》の整備・管理)、廃棄物《はいきぶつ》の発生抑制《よくせい》、リユース、リサイクル、適正処理の推進など

総合環境政策統括官《とうかつかん》グループ 環境の保全に関する基本的な政策の企画《きかく》、立案および推

進、関係行政機関の総合調整など

環境保健部　化学物質による環境汚染《おせん》による人の健康や生態系に対する影響《えいきょう》の予防、公害によって健康被害《ひがい》を受けた人の保護など

地球環境局　地球温暖化防止、オゾン層保護など地球環境保全に関する政策の推進、国際機関・外国の行政機関などとの交渉《こうしょう》・調整など

水・大気環境局　大気汚染《おせん》・水質汚濁《おだく》の防止や土壌《どじょう》汚染《おせん》対策による国民の健康の保護と生活環境の保全、騒音《そうおん》、振動《しんどう》、悪臭《あくしゅう》対策など

自然環境局　生態系の維持《いじ》・回復、自然環境の適切な保全など

また全国には、８カ所の地方環境事務所（北海道《ほっかいどう》、東北《とうほく》、福島、関東《かんとう》、中部《ちゅうぶ》、近畿《きんき》、中《ちゅう》国四国《ごくしこく》、九州《きゅうしゅう》）や、四国を管轄《かんかつ》する四国事務所、３カ所の自然環境事務所（釧路《くしろ》、信越《しんえつ》、沖縄奄美《おきなわあまみ》）、現場で国立公園などを管理するための自然保護官事務所などの機関がありま す。国立公園の管理や、地方の環境情報の収集・調査および相談など、環境関係法令に基づき幅広《はばひろ》い業務を行っています。

環境省の採用区分には、事務系・理工系・自然系の三つがあり、それぞれに総合職・一般職があります。

国家公務員全般《ぜんぱん》についていうと、国家公務員の総合職はいわゆるキャリア官僚《かんりょう》で、先は

どあげた各部署の主要な業務を行います。総合職事務系の職員は、政策立案、法案作成、各省庁の予算編成など全体にかかわる業務を行います。「事務系」という名称ですが、事務の仕事をする人ということではありません。一方、総合職理工系の職員は、政策立案、技術開発の検討、調査業務などの、より専門的な知識が要求される仕事を担当します。また、一般職《いっぱんしょく》の職員は事務系の仕事を中心に行います。

環境省では、実務においてあまり事務系（文系）と理工系の区別はないようです。そのため、文系の人でも理系の知識が要求される仕事を担当することもあります。自然系職員は、主に国立公園の現地での仕事を担当します（くわしくは環境保護系の自然保護レンジャーの項《こう》を参照のこと）。

●都道府県・市長村職員（地方公務員）

各都道府県・市町村にも環境に関する業務を担当している部署があります。

たとえば、東京都では、知事・副知事の下に、都市整備局や福祉《ふくし》保健局などと並《なら》んで「環境局」があります。環境局のなかには、大きく七つの部署があり、さらにそのなかでいくつかの課に分かれています。課はたくさんあるのでまとめて紹介《しょうかい》しますが、それぞれつぎのような仕事をしています。

総務部環境政策課　環境保全に関する総合的な企画《きかく》、計画の策定・調整、局全体に関す

る庶務《しょむ》事務、経理など

地球環境エネルギー部　地球温暖化対策、エネルギー関連など

環境改善部　大気汚染《おせん》対策、化学物質の管理、自動車の環境対策など

自然環境部　自然保護、緑地の保全、河川の水質保全など

資源循環《じゅんかん》推進部　一般《いっぱん》・産業廃棄物《はいきぶつ》の処理関連

多摩《たま》環境事務所　多摩地域の公害の防止、自然環境の保全、廃棄物《はいきぶつ》対策など

廃棄物埋立《はいきぶつうめたて》管理事務所　埋《う》め立《た》て処分場現地での管理・運営

市町村の場合は、たとえば茨城《いばらき》県つくば市では、「生活環境部」という部署が環境関連の仕事をしています。

環境政策課　環境基本計画、地球温暖化対策実行計画に関連など

環境保全課　公害対策、環境美化、動物の愛護など

環境衛生課　ごみの分別・収集、廃棄物《はいきぶつ》関連など

これらに加えて、上下水道を管理する課などがあります。

職種は、文系の「行政職・事務職」と、理系の「技術職」に分かれています。行政職・事務職の職員は、市役所などでの窓口業務をはじめ、上記の各部署で行政全般《ぜんぱん》の幅広《はばひろ》い業務を担当します。技術職はいくつかの専門分野に分かれていています（くわしくは3章

地方公務員試験の項《こう》を参照のこと)。環境分野を担当することが多いのは環境職、化学職、衛生職などの区分の職員です。自治体の環境センターで化学分析《ぶんせき》などの理系の専門的な仕事をすることもありますが、それだけではなく、自治体内にある設備(浄化槽《じょうかそう》や排気《はいき》設備、産業廃棄物《はいきぶつ》の処理施設《しせつ》など)が法律で定められた設置基準を満たしているか審査《しんさ》をする業務なども担当します。

大きな自治体ほど規模が大きな仕事ができますが、小さな自治体ではより地域に密着した仕事ができます。たとえば、都道府県庁の職員はその自治体全体を統括《とうかつ》する仕事が多く、市町村の職員は市役所の窓口業務などを通して住民と直に接する機会が多いといえます。

●環境コンサルタント

コンサルタントとは、顧客《こきゃく》にアドバイスをしたり、専門知識を提供したりする人のことです。いろいろな分野のコンサルタントがいて、たとえば、企業《きぎょう》経営のアドバイスをする人は「経営コンサルタント」です。

「環境コンサルタント」は環境分野を専門とするコンサルタントです。国・地方公共団体・企業《きぎょう》などから依頼《いらい》を受け、環境に関する専門知識を提供します。具体的には、1章の山崎《やまざき》さんのドキュメントにあるように、国や地方公共団体が制度をつくる時にアドバイスをしたり、事業者が工場などを建設する時に、その地域の環境を調査・分析《ぶんせき》して環境への影響《えいきょう》を見積もり、「環境にこのくらいの負荷がかかることが予想されるので、このような対策が必要です」と提案をしたりします。

建設コンサルティング企業《きぎょう》の環境部門で人材を募集《ぼしゅう》している場合もあります。その場合は「建設コンサルタント」と呼ばれます。環境コンサルタントとの大きな違《ちが》いは、事前の環境調査だけではなく、設計・施工《しこう》など建設自体にかかわる点です。

環境コンサルタントには、違《ちが》う立場の人たちのあいだに入って話し合いを円滑《えんかつ》に進める能力や、専門家でない人たちにも調査結果をわかりやすく説明する能力が問われます。

環境分析系《ぶんせきけい》

水や大気、土壌《どじょう》などに含《ふく》まれる物質を化学的に分析《ぶんせき》して、環境汚染《おせん》の度合いなどを調べます。河川の水など、分析《ぶんせき》対象物の試料をみずから現場に採取しに行くこともあります。化学分析《ぶんせき》の専門的な知識と技術が必要です。

●環境分析技術者

工場や公共施設《しせつ》、マンションなどは、水質や排気《はいき》の定期的な検査が法律で定められています。工場の事業主や建物の管理団体、市町村などは、水・大気・土壌《どじょう》の成分の分析《ぶんせき》、騒《そう》音《おん》の測定などを行う事業所に検査を依頼《いらい》します。その検査は正しく行われていないといけないので、都道府県は検査を行う事業所を毎年審査《しんさ》して「計量証明事業者」の登録をしています。その事業所には、検査結果の「計量証明書」に判を押《お》す「環境計量士」が必ず一人はいないといけません。

その分析《ぶんせき》を実際に行う人が「環境分析《ぶんせき》技術者」です。分析《ぶんせき》の仕事をするためには、化学分析《ぶんせき》の基礎《きそ》知識や分析《ぶんせき》機器の操作方法を知っていることが必要です。機器の操作は、大学の実験で、もしくは入社してから実際の仕事を通して学びます。特別な資格は必ずしも必要ではありませんが、自分の専門性を高めるために、働きながら「環境計量士」や「環境測定分析士《ぶんせきし》」などの分析系《ぶんせきけい》の資格を取得する人もいます。くわしくは2章の日高さんのミニドキュメントをご参照ください。

リサイクル・廃棄物《はいきぶつ》処理系

家庭や事業所から出るごみを適切に回収し処分します。地方公共団体から委託《いたく》されているリサイクル業者などがこれにあたります。仕事は収集運搬《うんぱん》・中間処理・最終処分の3段階に分かれています。

●リサイクル業者

たとえば、ペットボトルを例に考えてみましょう。日本ではペットボトルの約90%は回収され、リサイクルされています。回収されたペットボトルは、再度ペットボトルに作り替《か》えられたり、繊維《せんい》にして衣服を作ったりすることに利用されています。リサイクル業を手がける企業《きぎょう》は、その回収や処理を適切に行います。

●廃棄物《はいきぶつ》処理業者

日本国内で年間約4億トンも出される廃棄物《はいきぶつ》の適切な処理も重要な仕事です。都道府県知事および各市町村長の許可を得た企業《きぎょう》が、廃棄物《はいきぶつ》の収集運搬《うんぱん》・中間処理・最終処分を行っています。廃棄物《はいきぶつ》からは土壌《どじょう》汚染《おせん》や水質汚濁《おだく》などを引き起こす有害物質が出ることもあり、安易に捨てることはできないので、マニフェスト（管理伝票）を作って廃棄物《はいきぶつ》をどのように処理したか記録を残す「マニフェスト制度」がとられています。

環境保護系

国立公園の自然を守るレンジャーや、人びとの環境保護意識を高めるＮＧＯ職員がいます。また、企業《きぎょう》では環境保護のために公害対策が必要です。

●自然保護レンジャー

全国各地の自然公園などで、施設《しせつ》の管理や来園者の案内などの仕事を担当します。みなさんも自然公園のビジターセンターなどを訪れた時に、レンジャーにお世話になったことがあるのではないでしょうか。

環境省では自然系職員がこの仕事を担当していて、「自然保護官」と呼ばれています。環境省の職員以外にも、各自治体や各自然学習施設《しせつ》などが独自に採用するレンジャーもいます。自然保護レンジャーについてくわしく知りたい方は、なるにはBOOKSの『自然保護レンジャーになるには』（須藤《すどう》ナオミ・藤原祥弘《ふじわらよしひろ》著）をご参照ください。

近年、都市を観光するのではなく、自然豊かな場所を訪れる「エコツーリズム」が盛《さか》んになっています。観光客が自然に親しむのはいいことですが、むやみに自然を荒《あ》らさないように働きかけるのも自然保護レンジャーの大事な仕事です。

●NGO・NPOなどの団体職員

世界自然保護基金（WWF）や気候ネットワークなど、国内・国外でたくさんのNGO（非政府組織）・NPO（非営利団体）・財団などの団体が環境保護の活動をしています。これらの団体の職員は、市民に対して環境教育を行ったり、企業《きぎょう》などの賛同を募《つの》って寄付金を集めたりします。環境に関する国際会議に参加することもあり、国でも企業《きぎょう》でもない第三者機関の立場からの専門的な意見を求められます。

青年海外協力隊を派遣《はけん》する独立行政法人国際協力機構《こくさいきょうりょくきこう》（JICA）にも地球環境部森林・自然環境グループがあり、アジアやアフリカの発展途上国《とじょうこく》で自然保護の活動などを行なっています。

日本で活動している環境系の団体の例（説明は各団体のウェブページより抜粋《ばっすい》）

・公益財団法人世界自然保護基金《せかいしぜんほごききん》（ＷＷＦ）＊日本支部はＷＷＦジャパン

ＷＷＦは約１００カ国で活動している環境保全団体です。スイスのＷＷＦインターナショナルを中心に、80カ国以上の国々に拠点《きょてん》を置き、地球規模の活動を展開しています。地球上の生物多様性を守り、人の暮《く》らしが自然環境や野生生物に与える負荷を小さくすることによって、人と自然が調和して生きられる未来をめざしています（https://www.wwf.or.jp/ より）。

・特定非営利活動法人気候《きこう》ネットワーク

気候ネットワークは、地球温暖化防止のために市民の立場から「提案×発信×行動」するＮＧＯ／ＮＰＯです。ひとりひとりの行動だけでなく、産業・経済、エネルギー、暮《く》らし、地域などを含めて社会全体を持続可能に「変える」ために、地球温暖化防止にかかわる専門的な政策提言、情報発信とあわせて地域単位での地球温暖化対策モデルづくり、人材の養成・教育などに取り組んでいます（https://www.kikonet.org/ より）。

・一般社団法人 CDP Worldwide-Japan

イギリスの慈善《じぜん》団体が管理するＮＧＯであり、投資家、企業、国家、地域、都市がみずからの環境影響《えいきょう》を管理するためのグローバルな情報開示システムを運営しています。２０００年の発足以来、グローバルな環境課題に関するエンゲージメント（働きかけ）の改善に努めてきました。日本では、２００５年より活動しています（https://japan.cdp.net/ より）。

・認定特定非営利活動法人 Friends of the Earth（FoE）

FoE Japan は、地球規模での環境問題に取り組む国際環境ＮＧＯです。世界73カ国に２００万人のサポーターを有する Friends of the Earth International のメンバー団体として日本では１９８０年から活動を続けてきました。地球上のすべての生命（人、民族、生物、自然）がたがいに共生し、尊厳をもって生きることができる、平和で持続可能な社会をめざします（https://www.foejapan.org より）。

●公害防止技術関連

経済産業省は、すべての事業者にとって公害防止対策は重要な業務であるとして、「公害防止ガイドライン」を示しています。製造業の企業《きぎょう》などに対しては「ＩＳＯ１４００１」という国際的な認証の取得も推奨《すいしょう》されています。製品の製造やサービスの提供など自社の活動における環境への負荷を最小限にできていて、地球環境に配慮《はいりょ》している企業《きぎょう》や組織は、ＩＳＯ１４００１を取得でき、「環境マネジメント」ができていると国際的に認められます。

各企業《きぎょう》が公害の防止に取り組んでいますが、それには汚染《おせん》物質が外に出ていかないようにするための排気《はいき》や排水《はいすい》のフィルター、廃油《はいゆ》の回収機器などが不可欠です。これらの機器を製造・販売《はんばい》する企業《きぎょう》があります。

研究開発系

地球温暖化の仕組みについて研究したり、自然に分解される「生分解性プラスチック」などの新素材や、発電効率のよい再生可能エネルギーなどの新しい技術を開発したり、多種多様な研究や開発を行います。

●大学や研究所の研究者

今や、たくさんの学問分野に環境の研究をしている研究者たちがいます。一つのトピックに対してもさまざまな方向から研究することができます。

たとえば「地球温暖化について研究する」という場合を考えてみましょう。理学系の研究者は、地球が温暖化する仕組みについて調べます。北極や南極の気温の変化を調査したりシミュレーションをしたりします。工学系の研究者は、地球温暖化の具体的な解決策を考えます。より発電効率の高い太陽光発電パネルを作ったり、二酸化炭素を地下深くに埋《う》めるCCS（Carbon dioxide Capture and Storage）のような手法を考えたりします。農学系の研究者は、食料生産や土地利用法と地球温暖化の関連を調べます。環境と経済のかかわりや、環境に関する法律の研究者もいます。

今あげたのはほんの一例に過ぎません。環境にはビジネスや法律などさまざまな分野が関連しているので、理系の人だけではなく、経済学、法学など文系の分野でも環境を専門とする人が必要とされています。

●企業《きぎょう》の研究開発部門の研究者

企業《きぎょう》の研究開発部門で、環境に優しい新素材や再生可能エネルギー発電などの研究開発をします。開発したものは、その企業《きぎょう》の製品として商品化され、市場に売り出されます。

企業《きぎょう》の研究者は、企業《きぎょう》のなかで実験を行うだけではなく、大学や研究所の研究者と同じように論文を書いたり学会で研究成果を発表したりすることもあります。必ずしも博士号《はくしごう》を取得する必要はありませんが、入社後、働きながら論文を書いて博士号《はくしごう》を取得する人もいます。

企業《きぎょう》の研究職は、勤務場所が本社の所在地とは異なる場合があります。たとえば、本社が東京にあっても、研究所は地方にある企業《きぎょう》も多いので、勤務場所については募集要項《ぼしゅうようこう》を確認してください。

くわしくは1章の佐藤さんのドキュメントをご参照ください。

その他

環境についての情報を発信するジャーナリスト、環境保護に積極的な企業《きぎょう》に投資する投資家など、ほかにもいろいろな仕事があります。

このように環境分野にはたくさんの仕事があります。今あげたもののほかにも環境とかかわる仕事はまだまだあるかもしれませんが、ここまでで環境分野の仕事の全体像がつかめたでしょうか。

Column

二酸化炭素を回収し利用する技術

再生可能エネルギーや電動車を増やし「二酸化炭素の排出《はいしゅつ》量を減らす」一方で、「二酸化炭素を回収して利用する（CCU：Carbon dioxide Capture and Utilization）」ことも進められています。

二酸化炭素は炭素と酸素からできているので、これに水素を組み合わせると、さまざまな化合物を作ることができます。たとえば、二酸化炭素をメタンやメタノールにすると、燃料として使うことができます。メタノールは化学品の原料としても使えます。

また、二酸化炭素と水素から、ポリエステル繊維《せんい》やペットボトルの原料になるパラキシレン（C_8H_{10}）をつくることができます。２０２０年から富山大学などが実用化をめざして技術開発に着手しています。

これらの技術を普及《ふきゅう》させるには、二酸化炭素は安定な物質で、結合を切って別の物質にするときに多くのエネルギーを要するので、触媒《しょくばい》を工夫したり、製造コストを下げたりする必要があります。

二酸化炭素を地下１キロメートル以深に注入して貯留する「CCS：Carbon dioxide Capture and Storage」の研究も進められています。北海道苫《とま》小牧《こまい》市では、２０１６年４月から２０１９年11月まで、30万トンの二酸化炭素を注入する大規模な実証実験が行われました。ほかにもコンクリートが固まるときに二酸化炭素をその中に吸収させ、閉じ込《こ》める技術も開発されています。実際にこのコンクリートを使って、ビルが建てられています。

気候変動に関する政府間パネル（IPCC：Inter-governmental Panel on Climate Change）という組織が、数年ごとに気候変動についての報告書をまとめています。２０２１年には、第6次報告書が発表されました。この中で「人間の活動の影響で地球が温暖化していることは疑う余地がない」と述べられました。世界中で脱《だつ》炭素化が進められていますが、二酸化炭素をなるべく排出《はいしゅつ》しないことと同時に、排出《はいしゅつ》した二酸化炭素を回収し利用することも重要です。

ミニドキュメント 1 環境分析技術者

環境分析で人びとの暮らしを支える

株式会社《かぶしきがいしゃ》総合環境分析《そうごうかんきょうぶんせき》
日高佑希《ひだかゆき》さん

水道水をあたりまえに飲めるということ

日高さんは、水、土壌、大気などの環境分《ぶん》析《せき》を手がける企業《きぎょう》で、水の分析《ぶんせき》を専門に行っています。

「あたりまえに存在する環境や安全はありません。表に出る仕事ではありませんが、〝水の安全を守る〟というみなさんの生活に直結している仕事をしているという点や、みなさんの暮《く》らしを縁《えん》の下で支えているという点にやりがいを感じます」と、日高さんは自分の仕事の意義を語ります。

私たちが水道水を安全に飲めるのは、その水が厚生労働省の定めた安全基準を満たしているのか（塩素化合物、トリハロメタンや大《だい》腸菌《ちょうきん》などが基準値を超過《ちょうか》せず、かつ満たしているのか）、毎月調べられているためです。同様に、河川の水については環境省が基準を設けています。都道府県知事の登録を受けて、その分析《ぶんせき》を担当する「計量証明事業」を手がける企業《きぎょう》は、正しく分析《ぶんせき》できているかを毎年厳しく審査《しんさ》されています。

「基準を満たさない水も時々見つかります。近隣《きんりん》住民の方からの『この水は何かおかしい』という報告もあります。場合によっては、水道局などが直ちに給水をストップし、臨時の水質検査の依頼《いらい》を受けます。速やかに対処することを心がけています」

このような日高さんたちの仕事によって、私たちがふだん使っている水道水の安全は守られています。

図表4 厚生労働省の水質基準

（水道法第4条）
水質管理目標設定項目
（平成15年局長通知）
要検討項目
（平成15年審議会答申）

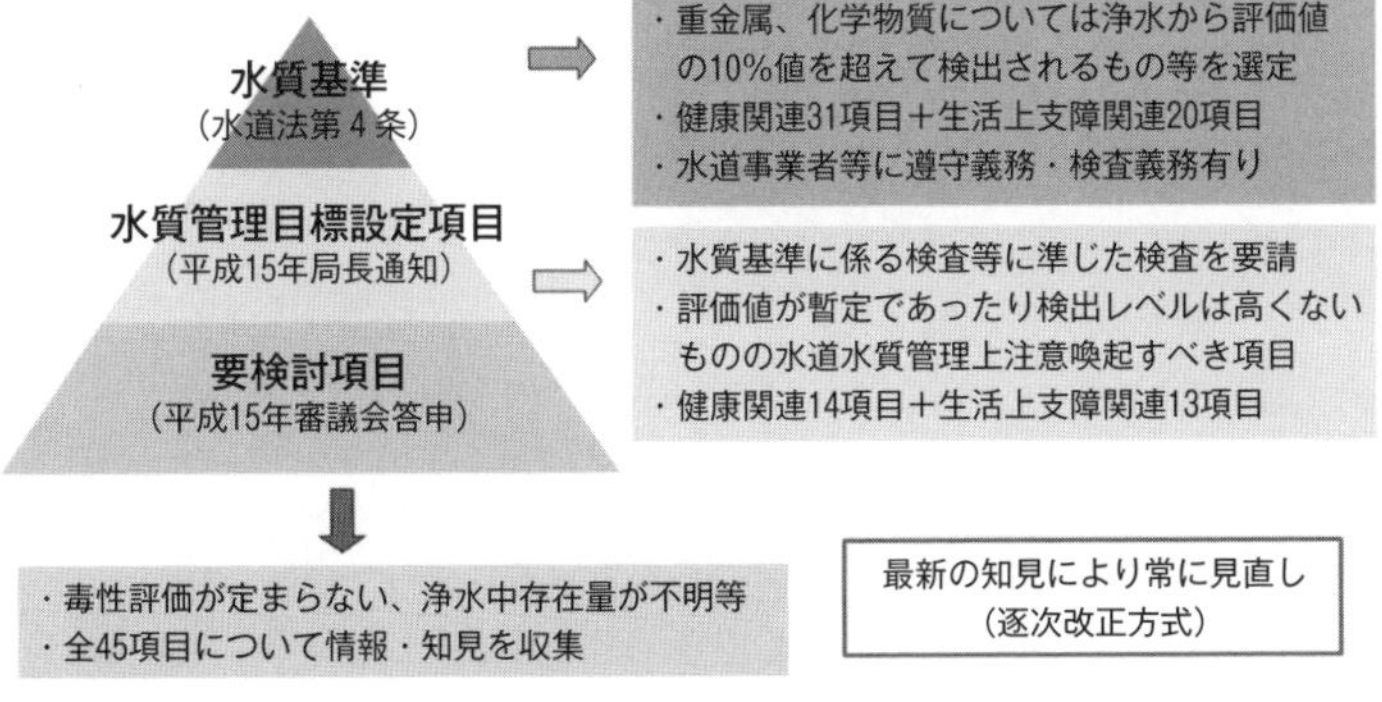
・具体的基準を省令で規定

・重金属、化学物質については浄水から評価値の10%値を超えて検出されるもの等を選定
・健康関連31項目＋生活上支障関連20項目
・水道事業者等に遵守義務・検査義務有り
・水質基準に係る検査等に準じた検査を要請
・評価値が暫定であったり検出レベルは高くないものの水道水質管理上注意喚起すべき項目
・健康関連14項目＋生活上支障関連13項目
・毒性評価が定まらない、浄水中存在量が不明等
・全45項目について情報・知見を収集
最新の知見により常に見直し
（逐次改正方式）

水分析《ぶんせき》のプロフェッショナル

日高さんは社内の分析《ぶんせき》室で、公園やマンションなどさまざまな場所の水道水や河川水を1日多い時には100個検体ほど分析《ぶんせき》しています。水に含《ふく》まれる物質の量を測定する分析《ぶんせき》機器（GC-MS〈ガスクロマトグラフ質量分析計《ぶんせきけい》〉、LC-MS/MS〈液体クロマトグラフ・タンデム質量分析計《ぶんせきけい》〉、ICP-MS〈誘導プラズマ質量分析計《ぶんせきけい》〉など）に検体をセットし、水の中のVOC（揮発性《きはっせい》有機化合物）やハロ酢酸《さくさん》、鉛《なまり》などの金属成分など10〜11項目の量を測ります。ひとつの分析《ぶんせき》機器に水の検体をセットしてスイッチを入れれば分《ぶん》析《せき》できるわけではなく、項目ごとに分析《ぶんせき》機器を使い分けて、機器のメンテナンスも含《ふく》め日々作業をしています。検体によっては、分《ぶん》析《せき》機器にセットする前に試薬を入れて前処理をすることが必要な場合もあり、ここが工夫のしどころです。また分析《ぶんせき》機器の測定条件などの改良も、分析《ぶんせき》をよりよい精度で行うために工夫が必要です。

「水道水は綺麗《きれい》なので比較的《ひかくてき》分析《ぶんせき》しやすいのですが、濁《にご》った河川水や工場排水《はいすい》などは、測定したい値がすぐに出てこない場合があります。どんな前処理をすればいいか、どうすれば分析《ぶんせき》が成功するかを考え、試してみて、うまく分析《ぶんせき》できてお客さまのニーズに応えることができた時はうれしいです」

とはいえ、毎日分析《ぶんせき》室にこもっているというわけではなく、自分で川に採水しに行くこともあるそうです。胴長《どうなが》靴を履《は》いて川に入って採水したり、川の流速を測ったりもします。

「環境調査・分析《ぶんせき》の仕事を選ぶなら、外で体

川で採水中の日高さん

を動かすことが好きだといいと思います。生物や自然が好きな同僚《どうりょう》も多いですね」

実験室で静かに化学分析《ぶんせき》をしているイメージでしたが、意外な答えが返ってきました。

毎日、着実に、確実に

日高さんの毎日の仕事は、始業の朝礼後に分析《ぶんせき》機器の立ち上げをすることから始まります。午前中に検体の前処理を済ませ、午後から測定をします。分析《ぶんせき》結果が出るとデータを解析《かいせき》します。最後に分析《ぶんせき》室を片付けて帰宅します。時々、事例発表会を行います。

「基本的には法律に基づいた方法で分析《ぶんせき》をしますが、前処理の方法、測定条件の検討などは工夫できます。『私たちはこうした改善をしてみました』と情報を共有し、社内で知恵《ちえ》を蓄積《ちくせき》して、スキルを培《つちか》っています。コツコ

ツと研究するのが好きな人には向いていています
ね」

毎日１００検体もの水の検体を分析《ぶんせき》するというのは、同じことのくり返しのように思えますが、飽《あ》きないのでしょうか。

「いいえ、いろいろなことが起こるので、毎日同じことのくり返しではありません。分析《ぶんせき》機器が正常に動かなかったり、分析《ぶんせき》するのが難しい検体があったりします。しかもその原因がわからないこともあります。でも、10年この仕事をやっているとだんだんわかってきて、経験的に対処することができるようになってきました。特に分析《ぶんせき》機器が動かないと、分析《ぶんせき》がストップし、仕事がどんどん遅《おく》れていってお客さまに迷惑《めいわく》をかけてしまうので、トラブルには速やかに臨機応変に対応します」

分析《ぶんせき》機器の部品をいつ交換《こうかん》したかをきちんと記録しておいたり、検体を測定する前に標準物質の測定をして数値がおかしくないか確かめたりする日々の作業をおろそかにしないことがとても大事だそうです。

「分析《ぶんせき》機器は実はとても値段が高いのです。適切なメンテナンスをして常によいコンディションを保つことも分析者《ぶんせきしゃ》として大事なことです。何度も同じことを確認する作業をめんどうがらずにやります。コツコツと地道な作業を積み重ねることができる人や、『なぜだろう？』と常に考えられる人がこの仕事に向いていると思います」

大学で環境分析《ぶんせき》を始める

東京都八王子《はちおうじ》市で育ち、中学、高校ではテニス部の部活動に熱中したという日高さん。

「助ける、守る」ことに興味があり、環境を

実験室で分析中

守る道を選びました。

「川で遊んだり、星を観たりと外で遊ぶのが大好きでした。物を組み立てたり、直したり、試してみるのも好きでした。小学生のころに川遊びをしていたら、空《あ》き缶《かん》がたくさん捨てられている所があって、これでは川の中にいる魚や川に来る鳥がかわいそうだと、友だちと一生懸命《いっしょうけんめい》空《あ》き缶《かん》を拾い集めたことを覚えています。これは遊びのうちでしたが、このころから環境を守りたい意識があったのかもしれません」

麻布《あざぶ》大学環境保健学部健康環境科学科（現生命・環境科学部環境科学科）に入学し、3年生の研究室選びでは、環境系で分析《ぶんせき》機器をたくさん保有していることを決め手として選びました。

「実験が好きでたくさん分析《ぶんせき》がしたかったの

で、分析《ぶんせき》機器がたくさんある研究室がいいなと思っていました。その観点は正解で、さまざまな分析《ぶんせき》機器に触れることができ、自分が分析《ぶんせき》機器を使いたい時にほかの人と重なることなくスムーズに実験できました。ＨＰＬＣ（高速液体クロマトグラフ計）やＧＣ－ＭＳという分析《ぶんせき》機器の使い方を学んでいたので、入社してその知識をすぐに活かせたのもよかったです」

　日高さんは環境分析《ぶんせき》を大学から学んでいたことからこの仕事を選びましたが、必ずしもそうである必要はないそうです。

「測定項目《こうもく》をひとつ会得するのに1年ほどかかります。先輩《せんぱい》から測定の仕方や分析《ぶんせき》機器のメンテナンスの仕方などを習います。ひとつできるようになると、つぎの測定項目《こうもく》について学び、スキルアップしていきます。環境系の学部の出身でなくても、修士ではなく学部卒でも大丈夫です。今まで水分析《ぶんせき》を専門にやってこなかった方も、先輩《せんぱい》がサポートしますので、おそれずにこの仕事にチャレンジしてみてください」

　この仕事をするにあたって、必要な資格はあるのでしょうか。

「事前に必要な資格は特にありません。私は、今の仕事には直接関係ありませんが、有機溶《よう》剤《ざい》作業主任者などの資格は大学在学中に勧められて取りました。働き始めてから、水質第一種公害防止管理者と環境測定分析士《ぶんせきし》の資格を取得しました。今は環境分析《ぶんせき》系の主要な国家資格である『環境計量士（濃度《のうど》）』の資格取得をめざしています。合格率15％ほどの難関ですが、この仕事をますます究めていきたいので、がんばって勉強していきます」

環境と人びとの生活を守りたい気持ちが大事

最後に、この道を志す人へのメッセージをうかがいました。

「『継続《けいぞく》は力なり』という言葉がありますが、選り好みせず何事にも前向きに取り組み続けたり、うまくいかないことにも挑戦《ちょうせん》したりする力を身につけておくとよいと思います。そして、学歴よりも、環境に興味があること、実験が好きであること、環境や人びとの生活を守りたいと思う気持ちがいちばん大事です」

日高さんは楽しそうに「私も環境について日々勉強中です」とお話ししてくださいました。

ミニドキュメント 2 環境研究者

シミュレーションで未来を予測し、社会を変える

立命館《りつめいかん》大学《だいがく》 理工学部《りこうがくぶ》 准教授《じゅんきょうじゅ》
長谷川《はせがわ》知子《ともこ》さん

未来をデータで示す

長谷川さんは、環境政策に関するシミュレーションを専門とする研究者です。たとえば「今この地球温暖化対策を実行すると、今世紀の地球環境はどのように変わるのか、環境にどんな良い・悪い影響《えいきょう》が出そうか」ということを、プログラムを組んで数値シミュレーションをすることで示しています。長谷川さんが特に興味をもっているのは、「地球温暖化と世界の食料生産活動や土地の利用法が、どのように影響《えいきょう》を及《およ》ぼしあうか」ということです。地球温暖化で気候が変わると、農作物の収穫量に影響《えいきょう》が出ます。同時に、森林から農地への土地利用の変化から樹木内に固定されている炭素が出たり、農地に散布した窒素《ちっそ》

肥料が変化して一酸化二窒素《ちっそ》となること、水田のメタン生成菌《せいせいきん》がメタンを出すことなどが原因となって、地球温暖化が進むといわれています。農業・土地利用部門は世界の温室効果ガス排出量《はいしゅつりょう》の約24%を占《し》めているので、農業や土地利用と地球温暖化の関係を調べることは重要です。

2018年には、「世界中で一律に『炭素税』をかけて温室効果ガスの排出量《はいしゅつりょう》を規制すると、食料生産のコスト、さらには、食料価格が上がり、アフリカ諸国やインドなどでは食料消費量が減ってしまう可能性がある」という内容の論文を発表しました。地球温暖化対策もしなければいけませんが、飢餓《きが》が深刻な地域を中心に食料消費量が減るのも大問題です。二酸化炭素の排出量《はいしゅつりょう》を減らせば減らすほどよいのかと思いきや、シミュレーションの結果、隠《かく》れた問題が浮《う》き彫《ぼ》りになりました。

このように、長谷川さんは「シミュレーションで将来を予測し、環境と調和した人間の社会を実現させるにはどんな取り組みや対策が必要かを数字に基づいて示す」という新たな分野を開拓《かいたく》しています。

「以前は利益を最優先に考えていた企業《きぎょう》なども、最近は気候変動によるリスクについても同時に考えるようになってきました。環境も保護しなければ企業《きぎょう》活動も維持《いじ》できないという、SDGsの概念《がいねん》が浸透《しんとう》してきたのだと思います。10年前と比べると、社会全体の環境に対する意識が確実に変わってきたと感じています。私たち研究者もそれに一役買っていると自負しています」

どんどん発言し世界に切《き》り込《こ》んでいく

長谷川さんは環境政策を議論する会議や、「気候変動に関する政府間パネル（ＩＰＣＣ）」など多数の国内外の会議に、環境を専門とする研究者の立場で参加しています。特に国際会議では、遠慮《えんりょ》せずに意見を言っていくことがとても重要だそうです。

「英語での議論なので言葉のハンデはあります。でも、どんどん発言して存在感を示さないと世界に置いていかれてしまいます。気づいたらアメリカやヨーロッパの人たちだけで議論が進んでいて、日本は蚊帳《かや》の外になっていては困るので、いつも必死です。また、海外は優秀《ゆうしゅう》な人財を環境分野に集めて、国がバックアップしながら育てている印象を受けます」

遠慮《えんりょ》せずに発言することが大事だと意識するようになったのは、国際会合への参加の機会が増えてきたころに、こんな苦い経験があったからだそうです。

「自分の言いたいことがあったのですが、議論がテンポよく進んでいたので、自分が理解できていないだけかもしれないと思いながら、発言のタイミングを見はからっていました。結局、タイミングよく発言ができず、議論がまとまってきたころになって、意見することになりました。すると、あとから知り合いのヨーロッパの女性の研究者が私のところにやってきて、『あなたは言うのが遅《おそ》い』と注意されてしまいました」

国際的な研究や議論の場では、「空気を読むこと」はあまり必要ないようです。

「日本では、人の話は最後まで聞くように教えられ、自分の意見を主張することはどちらかといえば敬遠されがちです。しかし、時には人の話の途中で割《わ》り込《こ》んででも自分の意見を述べるということも大切です。黙って聞いているだけでは、どんどん議論が進んでいくので、また発言の機会を逃《のが》してしまいます。さらに、『貢献度《こうけんど》が低い』『能力が低い』などと低く評価されてしまうことさえあります」

恩師や先輩《せんぱい》に恵《めぐ》まれた学生時代

世界で活躍《かつやく》する長谷川さんが、最初に環境に興味をもったのは高校生のころでした。「地理の授業で、酸性雨で枯《か》れてしまった森林の写真を見ました。その時に受けた衝撃《しょうげき》を今でも覚えています。それから、どうしてこうなってしまったのか、防ぐ方法はないのだろうかと考えるようになりました。大気汚染《おせん》

研究室で数値シミュレーション中

や地球温暖化についても同様に、ニュースなどを見て自分にも関係があることとして考えるようになりました」

自分も環境を守るために何かしたいと思い、大学も名前に「環境」と付く学部・学科を中心に探しました。大阪《おおさか》市立大学工学部環境都市工学科に入学し、都市のヒートアイランド現象についての研究をしました。

京都《きょうと》大学大学院地球環境学舎に進学すると、修士1年生の時に、国立環境研究所（環境研）で5カ月間のインターンシップをしました。京都大学地球環境学舎は文系と理系をまたいだ幅広《はばひろ》い研究（学際的な研究）をしていることが特色で、当時は京都大学の外の機関で研究をしてくることがカリキュラムに入っていました。

「この時から修士論文の研究をスタートしました。研究テーマは、京都大学の指導教官の先生と、環境研で指導してくださった先生と3人で相談して決めました。地球温暖化に関連して、農業における温室効果ガスの排出《はいしゅつ》削減《さくげん》対策について研究することになりました。今でもずっとこのテーマについて研究しています」

長谷川さんは、このころはまだ将来研究者になろうとは決めていませんでしたが、環境研の研究者や大学の研究室の先輩《せんぱい》の姿を見て、研究者への道に進むことを考えはじめたそうです。

「博士《はくし》課程に進学すべきか迷っていて研究室の先輩《せんぱい》に相談した時、その先輩《せんぱい》が『研究は楽しいよ』と言ってくださったことも、この道を進むよいきっかけになりました。もしその時に『研究はつらいよ』という答えを聞いていたら、博士《はくし》課程に進むことはあきらめていたと思います。自分が研究者としてやっていけるという確固たる自信があったわけではありませんでしたが、大学院で多くの研究者の方にお会いしたことや、博士《はくし》課程に進学した先輩方《せんぱいがた》が身近にたくさんいたことはその不安を取り除いてくれました」

論文をがむしゃらに書いた最初の3年間

博士号《はくしごう》を取得すると、インターンでお世話になった国立環境研究所で、ポスドク（博士研究員）として働き始めました。

「ポスドクになって最初の3年は、とにかくたくさん論文を書くことに注力しました。どの仕事についても言えることですが、最初の5年くらいは右も左もわからず、いちばん大変な時期ですが、ここでがんばるとそのあとが違ってきます。環境研では、上司の理解もあって研究に集中できる研究環境を与《あた》えてもらったのがよかったと思います」

研究では自分の書いた論文がほかの人の論文に引用されることが重要です。こうして着実に実績を積んだことで、長谷川さんは直近10年間の環境分野での論文引用数が世界の上位1％に入る研究者に贈《おく》られる高被《こうひ》引用論文著者賞を受賞しました。

「研究をしている、というと格好よく見えるかもしれませんが、日々の研究は地道な作業が多く、目に見えて大きな成果が出たり、人に認めてもらえたりするようなことは、そうひんぱんにはありません。興味をもって根気よく継続《けいぞく》できる力や、自分で調べたり考えたりする力が大切だと思います」

研究コミュニティーでリーダーシップを取

ることや、論文の査読者（出版の可否について意見を述べる外部の研究者）からの指摘《してき》に対応することもなかなか大変だそうです。

「研究計画が却下《きゃっか》されることや、苦労して書き上げた論文が却下《きゃっか》されることもあり、悔《くや》しい思いもたくさんしました。だからこそ、発表した研究論文が有名な論文誌に掲載《けいさい》され、国際的にいい評価や反響《はんきょう》が得られた時はとてもうれしいですね。環境分野で国際的に権威《けんい》のある海外の研究機関で研修できるプログラムに応募《おうぼ》して、採用された時もうれしかったです。海外の研究者と共同研究や研究会などをいっしょにやること、それをやり続けていくこと、対等に議論し認められることはそれなりに大変です。強い気持ちと、大局的な目標や夢《ゆめ》が必要かもしれません。また、引き受けた仕事は責任をもって行うことを心がけています。いっしょに仕事をしている人たちに迷惑《めいわく》をかけないために、また研究者・研究グループとしての信用を保つために、とても大切なことだと思っています」

後進を育てる立場に

現在は立命館大学理工学部環境都市工学科の准《じゅん》教授として、自分の研究室をもち、７人の学生を指導しています。

「今までは自分の研究をしていればよかったのですが、大学で働くようになってからは、若い世代へ伝えていくことも自分の使命だと考えるようになりました。学生が少しずつ研究分野について学び、スキルを身につけていくようすを日々見るのはうれしいです。将来、一人でも多くの人が環境専門家をめざしてくれるといいなと思っています」

長谷川さんの一日は、自分の研究と研究室の学生の指導や授業、そして家庭もあり、なかなか忙《いそが》しそうです。

「日中は学内外の方と研究などの打ち合わせをしたり、大学で授業をしたりします。その合間をぬって、シミュレーションモデル（数値計算プログラム）の開発や分析《ぶんせき》、論文の執《しっ》筆《ぴつ》などの自分の研究を進めています。夕方からは家事と育児の時間です。共同研究している海外の研究者とは、時差のため夜に電話会議をすることもあります。共働きなので夫の協力があって成り立っています。夫も研究者なので、大変なことも分かち合い、いっしょにがんばっています」

最後に、読者のみなさんへのメッセージをうかがいました。

「将来にわたってずっと付き合っていける、ほんとうに好きなこと、やりたいこと、もしくは嫌いではないことを見つけるために、学生時代にいろいろなことにチャレンジしてもらいたいと思います。チャンスはいくらでもあります。すでにそれを見つけた人はそれを大切に、その先にある目標に向かって一生《いっしょう》懸命《けんめい》に取り組んでください。自分の経験からも言えるのですが、どんなことでも一生《いっしょう》懸《けん》命《めい》にすれば、たとえそれが失敗したとしても、大きなことが得られます。その経験とそこから得られるものがこの先の自分をつくり上げてくれるはずです」

ミニドキュメント 3 国際環境ＮＧＯ職員

©WWF ジャパン

対話を通して地球環境を守る

ＷＷＦジャパン
田《た》中《なか》 健《けん》さん

国際環境ＮＧＯで働く

ＷＷＦ（World Wide Fund for Nature：世界自然保護基金）は世界約１００カ国以上で活動する国際環境ＮＧＯです。ＷＷＦは地球温暖化対策をはじめ、絶滅《ぜつめつ》の危機にひんした野生生物の保護活動など、さまざまな環境問題の解決のために活動しています。その活動資金は法人と個人からの寄付でまかなわれています。田中さんは、そんなＷＷＦの日本オフィスで、約80名のスタッフの一員として働いています。

問題解決のために必要なのは対話

田中さんの主な仕事は「気候変動イニシアティブ（Japan Climate Initiative：ＪＣＩ）」

というたくさんの団体が参加するネットワークを運営することです。ＪＣＩには、気候変動対策に積極的に取り組む日本の企業《きぎょう》や地方公共団体、大学や宗教団体、ＮＧＯ／ＮＰＯなど、政府以外の６４６（２０２１年４月時点）の団体が参加しています。ＪＣＩは参加団体の気候変動対策を高めていくため、参加団体間の情報交換《こうかん》や交流を進めます。それだけでなく、政府の気候変動政策がより「脱炭素化」に貢献《こうけん》するものとなるよう、政府に声を届けています。また、ＷＷＦジャパンでは、企業《きぎょう》が公開している環境報告書などの情報に基づき、企業《きぎょう》の温暖化対策を一定の指標で評価した報告書をつくっています。この報告書には、着実に温暖化対策を進めている企業《きぎょう》が、より高いリーダーシップを発揮できるように、その取り組みを応援《おうえん》したいという思いが込《こ》められています。ＷＷＦジャパンやＪＣＩは、政府や企業《きぎょう》、自治体などの温暖化対策を強く後押《あとお》しするため、さまざまな手法を試みながら、日々活動を行っているのです。

田中さんはＪＣＩの事務局のメンバーとしてＪＣＩを運営し、シンポジウム開催《かいさい》などを通じて参加団体が温暖化対策を広く紹介《しょうかい》する機会をつくったり、政府に向けたメッセージをつくって発信したり、海外の組織と協働したりしています。その時に重視しているのは、科学的根拠《こんきょ》となるデータと対話だそうです。

「ＪＣＩの参加団体は地球温暖化の防止に向けて何かしなければならないという危機感をもっているものの、地球温暖化対策には費用もかかりますし、企業《きぎょう》であれば利益も出さなければならないなど、各々の事情があります。冷静に科学的なデータを示すことと併《あわ》せて、どういう活動をすればそれらの参加団体がより積極的に温暖化対策を進める手助けができるのかをいっしょに考えながら、方針のすり合わせを行っています」

２０２１年４月には、ＪＣＩに参加する２９１団体が、２０３０年の温室効果ガス排出削減目標を、現状の26％から45％以上の高い値に引き上げることを政府に求めるメッセージを公表しました。

「どういう働きかけをすれば、より大きな変容を起こせるのか。その戦略を立てるのはとても難しいことですが、シンポジウムで企《き》業《ぎょう》や自治体の温暖化対策の実例を聞いたり、国際会議に参加して世界の潮流にふれたりしたＪＣＩの参加団体のみなさんのモチベーションが上がる姿を見る時や、ＪＣＩが出したメッセージが政府に受け止められ、大臣との直接の対話につながった時にやりがいを感じます」

幅《はば》広《ひろ》い興味関心と英語力が大事

田中さんは２０１９年の9月に、国連の気候変動サミットの開催《かいさい》にともなってニューヨークで行われた気候行動サミットや関連イベントに、ＪＣＩに参加する企《き》業《ぎょう》や自治体の人たちとともに参加しました。

「さまざまなイベントへの参加や海外の企《き》業《ぎょう》などとの交流を通して世界の潮流を肌《はだ》で感じられたこと、参加したＪＣＩ参加団体のみなさんが『来てよかった』と言ってくださったこと、そしてやはり現地でグローバル気候マーチに参加したことがとても印象に残っています」

このグローバル気候マーチは約１８５カ国

で行われ、７６０万人以上が参加し、気候変動問題を訴え対策を要求するメッセージボードを掲《かか》げて行進しました。参加者の多くは、スウェーデンの環境活動家グレタ・トゥーンベリさんに共感する学生たちでした。

「世界中で若い人たちが環境問題に強い関心をもって、みずから行動を起こしています。環境専門家をめざす人には、まずは自分の興味を追求してほしいなと思います。ボランティアなどでも環境NGOの活動にたずさわれる機会があると思いますので、何か興味のある分野や団体があれば、臆《おく》さずにアプローチして話を聞いてみてください。また、環境保全の視点は、今や企《き》業《ぎょう》や自治体などの組織でも必ず求められるものです。自分がどんな立場から環境保全に貢献《こうけん》したいのかをしっかりと考えることも大事だと思います」

仕事中の田中さん（東京都港区のWWFジャパンのオフィスにて）　©WWFジャパン

世界規模の問題を扱《あつか》い、世界中の人びとと話をするうえで、もちろん英語力も必要です。

「環境保全にはいろいろな知識が必要だと感じています。経済、投資、経営、国際情勢など総合的な視点で情報を集めていく必要があります。こうした情報を集めていくためにも、英語でのコミュニケーションができると、入手できる情報が増えると思います」

環境で広く人に貢献《こうけん》したい

ＷＷＦジャパンには、官公庁の職員や企《き》業《ぎょう》のコンサルタントだった人など多様な経歴をもった人たちが集まっています。田中さんもその一人です。田中さんのここまでの道のりを見てみましょう。

田中さんは福岡《ふくおか》県の県立高校の理数科から、九州大学理学部化学科に進学しました。高校を卒業するころは、各国が温室効果ガスの削《さく》減《げん》目標を数値で示すことを約束《やくそく》した「京都議定書」が採択《さいたく》され、本格的に地球温暖化対策が取られ始めた時期でした。田中さんはそうしたニュースを見て環境に興味をもったそうです。

「大学在学中は企業《きぎょう》の研究職につくか環境系の公務員になるか迷っていましたが、ひとつの企業《きぎょう》のために働くよりは、もっと広く人のために貢献《こうけん》でき、誰《だれ》かに喜んでもらえる仕事がしたいという思いがありました。それを環境の分野で実現できたらいいな、と漠然と考えていました」

そう思うようになったのは、６年間続けた飲食店でのアルバイトの経験も大きいといいます。

「お客さんがどうしてほしいか先を読んで動き、それに対して喜んでもらえるのがうれしかったです。大学での実験も忙《いそが》しかったのですが、このアルバイトは好きで続けたかったので、夕方まで研究室にいて、その後アルバイトに行き、時には夜中に研究室に戻《もど》ることもありました。忙《いそが》しい毎日を送っていましたが、研究もアルバイトも楽しかったので苦ではありませんでした」

大学院生の時、福岡県庁の化学職として働いていた研究室の先輩《せんぱい》から仕事の話を聞いたのが、環境専門家の道へと進む転機となりました。修士課程2年生の時に独学で福岡県の公務員試験を受験し、一発合格。化学職として福岡県庁に採用されました。

「企業《きぎょう》の採用試験は受けず、環境系公務員一本に絞《しぼ》っていました。今考えると、狭《せま》き門なのに落ちたらどうするつもりだったのだろうと思います。研究室の教授の理解を得て、研究もやりつつ、ひたすら公務員試験の勉強にはげみました。自分の専門の有機化学だけではなく、化学全般《ぜんぱん》の知識を復習しなければいけないことと、研究室の同期はもう企業《きぎょう》に就職が決まっているなかで、試験のある6月まで一人で勉強することはプレッシャーも大きく大変でした」

10年以上環境に関する仕事を続けてきた

福岡県庁に入って最初の配属先は、県内各地域に設けられている保健福祉《ふくし》環境事務所のひとつでした。

「最初の仕事は、下水道の通っていない地域に浄化槽《じょうかそう》を設置するさいの審査《しんさ》業務でした。工場からの排水《はいすい》や排気《はいき》ガス検査の担当もしました。法律に沿って浄化《じょうか》設備などが設置されているか、基準を満たす排水《はいすい》などの処理が行われているかなどを確認する仕事でした」

その後、本庁の廃棄物《はいきぶつ》対策課と、経済産業省リサイクル推進課への2年間の出向を経て、新しい道に進もうと決断しました。

「それまでの10年間、環境分野で人のために貢献《こうけん》する仕事はできていましたが、県庁で扱《あつか》うのは県内のことだけに限られていました。

出向先の経済産業省ではじめて環境問題を国際的な視点で見ることができました。そろそろ福岡県から巣立ち、もっと全国的、国際的に広い視野で仕事をしたいと思いました」

そんな時、日本科学未来館（以下、未来館）の科学コミュニケーター職の募集《ぼしゅう》を見つけました。2014年に採用され、来館者と対話をしたり、環境に限らずさまざまな分野についてのイベントを実施《じっし》したりするなど、多様な業務を経験しました。ここで得たものは、海外の人といっしょに仕事をする経験と、対話やコミュニケーションの手法でした。

「未来館の仕事でもっとも思い出深いのは『Picture Happiness on Earth』という、アジア・太平洋地域の中高生と日本の女子中高生がコラボレーションし、未来館の地球ディスプレイ『ジオ・コスモス』に映し出す映像作品をつくりあげるプロジェクトを担当したことです。経済産業省の時は海外へのビジネス展開をめざす日本企業《きぎょう》が相手だったので、この時はじめて海外の団体とやりとりをして一つのプロジェクトをつくりあげるという経験をしました。こうした経験があって、〝国境を越《こ》えて人と人をつなげる〟ということにも興味をもつようになりました」

科学コミュニケーターの任期満了《まんりょう》を迎《むか》える5年目に、WWFジャパンの「企業《きぎょう》や自治体などの地球温暖化対策の意識を高め、協働を進める人材」の募集《ぼしゅう》を見つけ、つぎはこれだと思ったそうです。

「環境を軸《じく》にいろいろな仕事をしてきましたが、今までの経験をまとめて活かし、チャレンジできる仕事として、今のWWFジャパンの仕事に巡《めぐ》り合《あ》えてよかったと思います」

ワークショップのようす　©WWF ジャパン

温暖化を〝ほんとうに〟食い止めるために

ＷＷＦジャパンでは２０１９年から、気候変動とエネルギー問題を議論する高校生向けワークショップを企画《きかく》・実施《じっし》しています。この年、東京と鳥取《とっとり》で計３回開催《かいさい》されたこのワークショップには高校生84人が参加し、国際会議での交渉《こうしょう》を模《も》して活発な議論が行われました。２０２０年12月にはオンラインでもワークショップを実施《じっし》しました。

「地球温暖化の原因とされ、世界的に問題になっている石炭火力発電をやめるとしたら、その分の電力は別の発電方法で補わなければなりません。実際に各国でどのような政策を取るかが議論されていて、正解のない難しいテーマです。日本の将来を担う高校生たちが地球温暖化を自分たちの問題として真剣《しんけん》に考

気候変動アクション日本サミット2019のセッションで司会を務める田中さん　©WWF ジャパン

えている姿を見て、ＷＷＦジャパンの活動は若い世代が持続可能な未来像を描《えが》くための手助けになれるかもしれないという希望をもてました」

　ほかにも、気候変動関連のシンポジウムなどでの司会や講演、ＷＷＦジャパンウェブサイトなどに一般《いっぱん》向《む》けに地球温暖化についての記事を書く仕事もしています。毎日が忙《いそが》しく充実《じゅうじつ》していると田中さんは語ります。

「地球温暖化を解決することは簡単ではなく、すぐには成果の出ない仕事だと思います。数字で自分の成果が目に見えるわけでもありません。だからこそ、一人ひとりがプレーヤーとして自分で仕事を生み出すという意識をもって、根気強くみずから考え行動する心構えが必要です」

　政府から離《はな》れたＮＧＯ団体の職員という立

場だからこそできることがあります。

「私たちの仕事は、たくさんの方の寄付で支えられています。そのことは必ず頭の隅に置いています。また、NGOの活動は、私が以前勤めていた行政のようにこちらから市民に働きかけるのとは逆で、〝市民の立場から政府などに変革を起こすことを働きかける活動です。はじめのころは行政の視点が抜《ぬ》けなかったのですが、この仕事に就いて2年以上が経ち、NGOの役割がわかってきました。日本政府が2050年に温室効果ガスの排《はい》出《しゅつ》を実質ゼロにすることを宣言した今、それを実現するために必要なつぎのアクションを日々模索《もさく》しています」

政府、企業《きぎょう》、自治体などあらゆる主体が一丸となって脱《だつ》炭素化へのアクションを加速していくために、NGOとしてどんな後押《あとお》しができるのか、つぎの一手を田中さんは常に考えています。

所属する機関によって生活や働き方が異なる

環境専門家は、実際にはどのような生活や働き方をしているのでしょうか。今度は働き方に着目して、公務員、企業《きぎょう》、大学や研究機関、NGOやNPOの四つに分けて紹介《しょうかい》します。

公務員として働く

公務員には、国の官公庁で働く「国家公務員」と、県庁や市役所などの地方公共団体で働く「地方公務員」の2種類があります。

●環境省職員（国家公務員）

環境省に入省すると、事務系・理工系の総合職は、環境省のさまざまな部署に配属されます。1年から3年ごとに部署の異動があり、全国の地方環境事務所への転勤の可能性があります。一般職《いっぱんしょく》も省内のあらゆる部署へ（環境省Q＆Aより）配属されます。また、各地方環境事務所の任期付き職員やアクティブ・レンジャー（自然保護官補佐《ほさ》）の募集《ぼしゅう》も時々行われています。これらは勤務場所が最初から決まっています。

給与《きゅうよ》水準については、人事院が情報を公開しています。人事院の「国家公務員の初任給の変遷《へんせん》」の平成31（令和元）年度のデータを見ると、総合職（大卒）の初任給は18万6700円です。これに地域手当やボーナスなどがつきます。令和2年度の「国家公務員給与《きゅうよ》等実態調査結果」のデータを見ると、全体の平均給与《きゅうよ》月額（俸給および諸手当の合計、平均年齢《ねんれい》43・2歳《さい》）は40万8868円です。各種の手当がつくことや、公務員共済の生命保険・医療《いりょう》保険に入れることなど、福利厚生が充実《じゅうじつ》していることは公務員のメリットです。

●都道府県・市町村職員（地方公務員）

各自治体に採用されると、部署の配属希望を出し、県庁内の部署や県内の事業所に配属されます。おおむね3年ごとに異動があります。

地方公務員の給与《きゅうよ》水準は各地方公共団体で若干異なりますが、民間企業《きぎょう》の給与《きゅうよ》水準を考《こう》慮《りょ》して決められます。総務省から給与《きゅうよ》についての情報が公開されています。平成31（令和元）年度の都道府県庁職員の大学卒一般《いっぱん》行政職の初任給の全国平均は18万5939円です。

これに地域手当や期末手当・勤勉手当（いわゆるボーナス）などがつきます。年齢《ねんれい》とともに給与《きゅうよ》は上がり、令和3年度の全地方公共団体・一般《いっぱん》行政職全国平均の給与《きゅうよ》月額は35万9895円（平均年齢《ねんれい》42・1歳《さい》）です。

企業《きぎょう》で働く

環境産業の市場規模は拡大していて（「3章　採用試験と就職の実際」を参照のこと）、環境関連の事業を手がける企業《きぎょう》は数多くあります。わかりやすく名前に「環境」とついている企業《きぎょう》や部署だけではありません。製造業の企業《きぎょう》には環境に配慮《はいりょ》した新素材を開発している部門があったり、運輸業の企業《きぎょう》では温室効果ガスの排出量《はいしゅつりょう》の削減《さくげん》を試みたりしています。今やどの企業《きぎょう》も環境への配慮《はいりょ》が必須《ひっす》なので、バックオフィス（事務系）や広報活動の面でも環境にかかわる仕事をしている場合もあります。

「各社の採用試験を受けて入社し、給与《きゅうよ》をもらって働く」という点では、ほかの業種と同様ですが、環境分野では自分の専門知識を活かした仕事をしている人が多くいます。

企業《きぎょう》で働く場合の給与《きゅうよ》水準や福利厚生については各社で異なるので、各社の採用情報を参照してください。ほかの業界でも同様ですが、一般的《いっぱんてき》に初任給は大学学部卒、大学院修士課程修了、大学院博士《はかせ》課程修了の順に高くなります。また、役職が上がると給与《きゅうよ》も上がっていきます。厚生労働省の「令和元年賃金構造基本統計調査（初任給額）」によると、企業《きぎょう》の初任給の平均は大学院修士課程修了《しゅうりょう》で23万8900円、大学卒で21万0200円となっています。

技術士や環境計量士などの高度な資格を取得している人には、給与《きゅうよ》のほかに資格手当が付く企業《きぎょう》もあります。

大学や研究機関で働く

大学や研究所の研究者になるためには、理系では大学院博士《はくし》課程を修了《しゅうりょう》し、博士号《はくしごう》を取得することがほとんどの場合で必須《ひっす》です。博士号《はくしごう》を取得後、多くの人は、最初は「ポストドクトラルフェロー（ポスドク）」と呼ばれる立場で大学や研究所に就職し、正規の助教や研究員として採用されることをめざします。大学・研究機関の教職員として採用される場合と、研究プロジェクトに採用される場合があります。実際には契約《けいやく》期間が3～5年の任期付きで採用される場合が多く、限られた期間内に研究成果をあげつつ、またつぎの職を探していかなければならないという状況《じょうきょう》があり、いわゆる「ポスドク問題」と呼ばれています。

研究者の生活と収入については、なるにはBOOKSの『理系学術研究者になるには』

（佐藤成美《さとうなるみ》著）、『バイオ技術者・研究者になるには』（堀川晃菜《ほりかわあきな》著）もご参照ください。

研究者の給与《きゅうよ》水準や福利厚生は、国公立大学や国立の研究機関の場合はおおむね公務員と同じ待遇《たいぐう》になります。私立大学の場合は各大学の規定に基づくので、各校で条件が若干異なります。

ポスドクの時に、日本学術振興会《しんこうかい》（学振《がくしん》）の特別研究員になり、所属機関からではなく学振から給与《きゅうよ》をもらって研究をする人もいます。学振の特別研究員になるには、今までの研究業績やこれからの研究計画について記述した書類を提出し、審査《しんさ》を通る必要があります。2年間、海外で研究する人に給与《きゅうよ》が与《あた》えられる「海外特別研究員」のプログラムもあり、これを利用して海外の研究機関で研究修業を積む若手研究者もいます。

NGO・NPOなどの団体で働く

NGO・NPOなどは営利を目的としていないため、給与《きゅうよ》水準はあまり高くはありませんが、国でも企業《きぎょう》でもない第三者の立場で、グローバルな視点に立って仕事ができるという、ほかの仕事にはないおもしろさがあります。ただし、新卒採用を行っていない団体もあります。その場合は民間企業《きぎょう》などで数年間働き、職務経験を積んでから、各団体の採用試験を受けます。

ＮＧＯ・ＮＰＯなどの団体で働くことに興味がある人は、大学生のインターン（職業体験）を募集《ぼしゅう》している団体もあるので、各団体のウェブサイトなどをまめにチェックしてみてください。募集要項《ぼしゅうようこう》からは、この団体ではどのような仕事ができるのか、どのような人に来てほしいのかなどを知ることができます。インターンに採用されて働けば、ＮＧＯの職場の雰囲気《ふんいき》を実際に見ることができ、民間企業《きぎょう》でのアルバイトとは違《ちが》う経験ができるのではないでしょうか。

環境専門家の将来

脱炭素化を進め、社会を変えていく

+2℃目標の達成に向けて

現在とこれからの環境問題において、地球温暖化は最大の焦点《しょうてん》といえるでしょう。それには、温室効果ガスを減らす「脱《だつ》炭素化」がポイントです。「パリ協定」では「世界的な平均気温上昇《じょうしょう》を、産業革命以前に比べて+2℃より十分低く保つとともに、1・5℃に抑《おさ》える努力を追求する」という長期目標が立てられています。しかし、これを達成するのは簡単なことではありません。太陽光、風力、水力、地熱など、自然を利用した発電（再生可能エネルギー／自然エネルギー）はますます必要になります。いかに発電効率を高め、発電コストを下げていくかが課題です。また、政府は水素エネルギーや電動車の普及《ふきゅう》も進めていく方針です。

また、こうした技術を研究・開発することだけでは不十分で、新しい技術を利用していくためのルールをつくったり、たくさんの人が利用できるように商品化したりすることなども必要です。研究開発・行政・ビジネスのそれぞれの分野において、それぞれの立場で主導していく人材が、今後ますます求められます。

1章のインタビューに登場した佐藤さんも、「すでに確立した分野よりも、これから研究が進んでいく分野のほうがおもしろそうだと感じた」とおっしゃっていましたが、新しい分野は自分の手で道を切《き》り拓《ひら》く機会の宝庫です。現在、環境分野で将来性が見込《みこ》まれているトピックスをいくつか紹介《しょうかい》します。

将来性が見込《みこ》まれる環境分野のトピックス

●再生可能エネルギー

再生可能エネルギーで、これから特に注目のトピックは「洋上風力発電」です。洋上風力発電とは、海の上に風車を設置して発電する方法のことです。風車の根元を海底に固定する「着床式《ちゃくしょうしき》」と、風車を海に浮《う》かべてチェーンで係留する「浮体式《ふたいしき》」があります。着《ちゃく》床《しょう》式《しき》は水深が50メートルより浅いところに設置しますが、浮体式《ふたいしき》は本体が海底に届かなくてよいので、より水深の深い場所にも設置でき、設置対象場所が広範囲《こうはんい》になります。

洋上風力発電の風車（長崎県五島市沖）　環境省提供

風力発電などの再生可能エネルギーは二酸化炭素を出さないというメリットがある一方で、十分な量を発電するための施設《しせつ》を作るには多くの土地が必要になります。よく風力発電は「風まかせ」でその日の天候しだいだといわれますが、これは1基あるいは少数の風車で発電した場合で、多数の風車や太陽光などほかの方法で発電した電力を組み合わせることで解消されます。ただし、そのためにはたくさんの風車が必要なので、多くの土地も必要になります。また、風車から100ヘルツ以下の低音が発生する低周波音問題や景観を害するという点で近隣《きんりん》住民に反対されることも考えられます。その点で、洋上のほうが住民の理解を得やすく、大型化や多数の風車を設置することが可能であること、そして陸上よりも洋上のほうが風の吹《ふ》き方《かた》が安定しているのでより安定した発電ができる可能性が高い、というメリットがあります。

千葉《ちば》県銚子《ちょうし》市沖《おき》では、東京電力と国立研究開発法人新

図表5 さまざまな発電方法

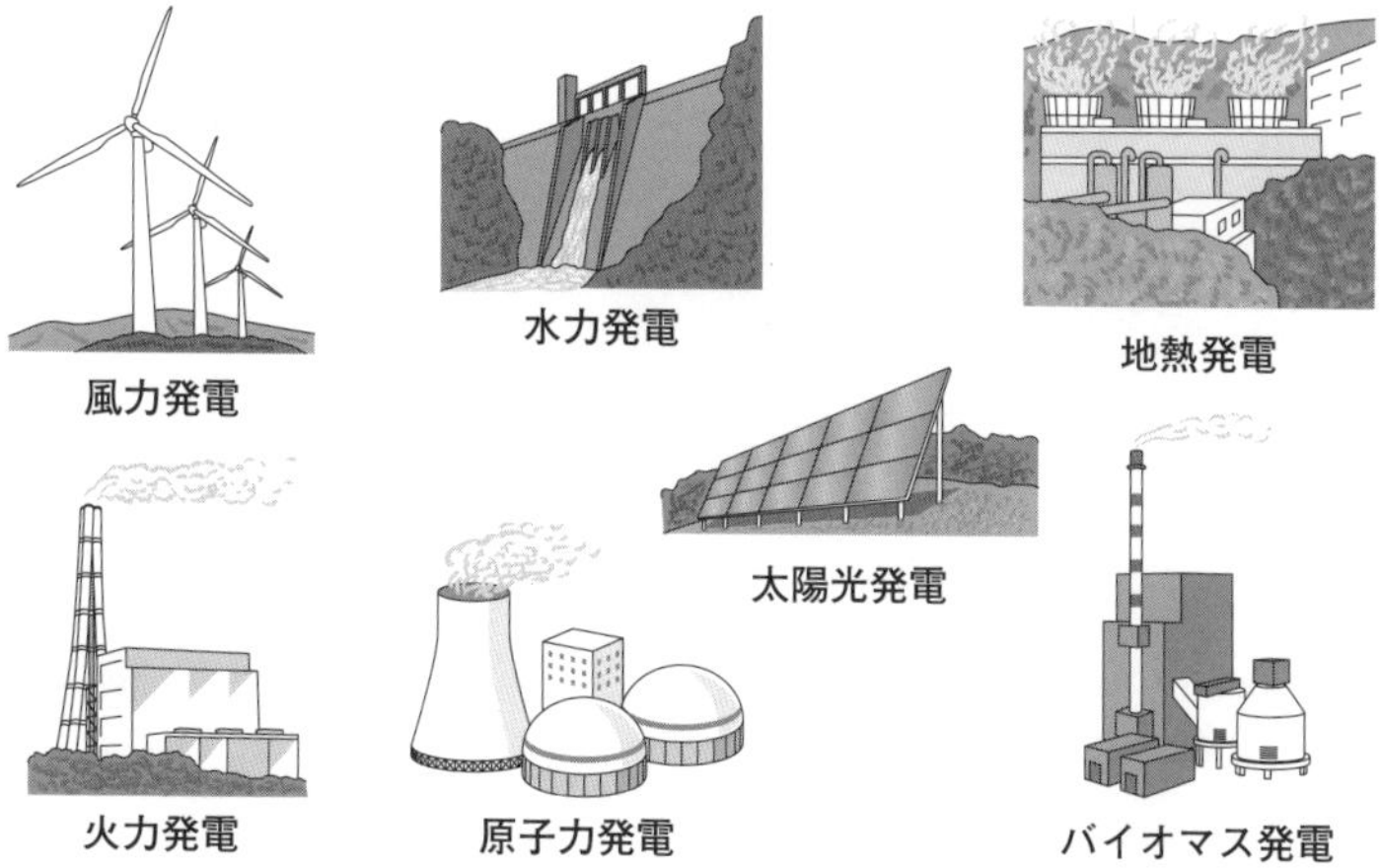

エネルギー・産業技術総合開発機構（NEDO）が2013年3月から国内初の着床式《ちゃくしょうしき》風車1基を設置して実証実験を行っています。2019年1月からは商用運転も開始されました。今後は大規模に拡充《かくじゅう》し、およそ40平方キロメートルの海域に、高さ200から250メートルもの巨大な風車が40基前後、設置されることが見込《みこ》まれています。長崎《ながさき》県五島《ごとう》市沖《おき》では2016年3月から国内初の浮体式《ふたいしき》風車が稼働《かどう》し、商用運転をしています。

　波の力を使った波力発電も研究が進められています。押《お》し寄《よ》せる波の力で波受板《なみうけばん》を前後に動かすことで発電する方法で、神奈川《かながわ》県平塚《ひらつか》市で東京大学が実験をしています。日本は海に囲まれているという地の利を活かして、洋上風力発電や波力発電を推進していく方針です。

太陽光発電はだいぶ普及《ふきゅう》してきました。自分の家で太陽光発電をしているという人もいるのではないでしょうか。発電にかかる元手である発電コスト（パネルの設置費用など）が低下して、２０１０年には40円／キロワット時であったものが２０１９年には７・５円／キロワット時と、約5分の1以下になっています。発電コストが下がると、「初期費用がこのくらいで済むなら、うちにも太陽光発電パネルを設置してみよう」と考える人が増え、さらに普及《ふきゅう》が進んでいきます。ただし、むやみに土地を切《き》り拓《ひら》いて大規模にパネルを設置する事例があり、景観破壊や土砂災害のおそれが問題になっています。また、パネルには鉛《なまり》などの有害物質が含《ふく》まれているものもあり、廃棄の方法にも配慮《はいりょ》しなければいけません。こうした課題を解決しつつ、太陽光発電を進めていく必要があります。

●水素エネルギー

水の電気分解と逆の反応で、水素と酸素から水ができる時に電流が発生します。これを利用した電池が「燃料電池」です。直接、水素を燃料として注入する場合もあれば、天然ガスやメタノールを注入してそこから水素を取り出して使う場合もあるので、「水素電池」ではなく、「燃料電池」と呼ばれます。

二酸化炭素を出さない環境に優しいエネルギー源として、政府は水素エネルギーの普《ふ》及《きゅう》をめざしています。ガソリンや電気の代わりに水素をエネルギーにして走る「燃料電池車」がすでに開発されています。経路が決まっている路線バスはスタート地点とゴール地点で水素を補給できればよいので、東京都では約70台の燃料電池バスが運行中です。

水素エネルギーを日常的に使えるようにするためには、ガソリンスタンドのように「水素ステーション」をいろいろなところに設置する必要があります。また、水素は引火すると爆発《ばくはつ》するので安全管理が重要です。水素を作り、貯蔵するコストを下げることも課題です。水素の価格は2021年11月現在1キログラムあたり約1200円ですが、10～15年後には200円まで下げることが目標とされています。今はまだ水素エネルギーが利用されているのはあまり見たことがないかもしれませんが、将来的には街に水素ステーションが増えていき、水素は身近なエネルギー源になっていくことでしょう。

●電動車

経済産業省は、2030年代半ばには、国内で販売《はんばい》されるすべての新車を電動車にするという目標を立てようとしています。ここでいう電動車とは「電気自動車EV（電気だけで走る）」「ハイブリッド車HV（ガソリンと電気で走る）」「プラグインハイブリッド車PHV（家庭で充電《じゅうでん》できる）」「燃料電池車FCV（水素燃料で走る）」のことです。ハイブリッド車はガソリンも使うので海外では電動車に含《ふく》めない国もあります。日本の2018年度の二酸化炭素の排出量《はいしゅつりょう》のうち、自動車からの排気《はいき》は約16％を占《し》めているので、電動車の普及《ふきゅう》は二酸化炭素の排出量削減《はいしゅつりょうさくげん》に効果があります。

電気自動車やプラグインハイブリッド車は電気を貯めておくことができるので、災害時に役立つという利点もあります。電池の性能が向上したことで電気自動車の走行可能距離《きょり》は延《の》びてきていますが、走っている途中《とちゅう》で電気がなくなっても困らないように、車の普《ふ》及《きゅう》と同時に充電《じゅうでん》できる場所も配備していく必要があります。

●核融合《かくゆうごう》発電

実用化までにはまだ時間がかかりそうですが、化石燃料を使わず、二酸化炭素を排出《はいしゅつ》しない発電方法として、「核融合《かくゆうごう》発電」の研究も進められています。

核融合《かくゆうごう》発電はよく「地上に太陽をつくる」とたとえられますが、太陽のなかで起きている反応と同じ反応を大きな装置《そうち》の中で起こします。水素の仲間（同位体）である「重水素」と「三重水素（トリチウム）」を燃料として使います。水素を１万℃に加熱すると、原子核《げんしかく》と電子がばらばらになって高速で飛び交う「プラズマ」の状態になります。さらに１億℃以上に加熱すると、原子核《げんしかく》同士がぶつかって融合《ゆうごう》し、ヘリウムの原子核《げんしかく》ができます。この時、反応後にできるヘリウムと中性子の質量の和は、反応前の水素の質量の和からほんの少し減るのですが、その微量《びりょう》な質量差が膨大《ぼうだい》なエネルギーを生み出します。核融合《かくゆうごう》反応では水素１ｇから、なんと石油８ｔを燃やした時と同じくらいのエネルギーが生み出されます。このエネルギーを使って、火力発電や原子力発電のように水を沸騰《ふっとう》させてタービンを回し、発電します。二酸化炭素が出ないことに加え、「少しの燃料から膨大《ぼうだい》なエネルギーを生み出せる」というのも、核融合《かくゆうごう》発電が夢《ゆめ》のエネルギーと呼ばれる理由です。

現在、大型の核融合実験炉《かくゆうごうじっけんろ》「ＩＴＥＲ《イーター》」がフランスに建設されていて、２０２５年に実験が開始される予定です。これは日本・ヨーロッパ・アメリカ・ロシア・韓国《かんこく》・中国《ちゅうごく》・インドが参加している国際プロジェクトです。ＩＴＥＲが完成すれば、核融合《かくゆうごう》発電の実現にまた一歩近づくことができます。日本でも、茨城県の那珂《なか》核融合《かくゆうごう》研究所や、岐阜《ぎふ》県の核融合《かくゆうごう》科学研究所などに大型の核融合《かくゆうごう》実験装置《そうち》が作られ、核融合《かくゆうごう》発電の実現に向けた研究が進められています。

プラスチックごみの課題

ここまで脱《だつ》炭素化とそのためのエネルギー戦略を紹介《しょうかい》しましたが、もちろんほかにも解決しなければならない課題はいくつもあります。そのひとつは、ごみの輸出問題です。今まで、日本で処理できないぶんのごみは、海外に輸出されていました。しかし近年、ごみの輸出入の制限が厳しくなっています。

特にプラスチックごみに関しては、２０１７年末に中国が、２０１８年に東南アジア諸国が相次いでプラスチックごみの受け入れを制限しました。さらに2019年5月には、有害廃棄物《はいきぶつ》の定義や輸出入を規定する国際条約である「バーゼル条約」で、2021年1月以降のリサイクルに適さない汚《よご》れたプラスチックの輸出が制限されました。

そのため、今まで輸出していた年間100万トン弱のプラスチックごみを日本国内で処理しないといけませんが、今までも処理できる量を超《こ》えていたわけなので、処理施設《しせつ》からごみがあふれてしまいます。環境省も、プラスチックごみを洗浄《せんじょう》したり破砕《はさい》したりするリサイクル設備の導入や、生分解性プラスチックや紙製品などの代替品《だいたいひん》の製造の予算を増やしていますがそうかといって、今すぐにプラスチックの使用量を大きく減らしたり、プラスチック製品すべてを紙製品に置《お》き換《か》えたりすることができるわけでもありません。生分解性プラスチックも分解されるまでには時間がかかります。「脱《だつ》炭素化」と同様に、「脱《だつ》プラスチック化」をますます進めていかなければならない状況《じょうきょう》です。

コンピューターによる将来の環境予測

また、昨今はほとんどすべての分野でコンピューターを使いますが、環境の分野でも、測定したデータや、コンピューターシミュレーションを使った研究が多くなっています。たとえば、人工衛星「いぶき2号」は二酸化炭素やメタンの濃度《のうど》を宇宙から測定して、そのデータを地上に送っています。このデータは、そのままではただの数値なので、データを解析《かいせき》し、「このデータからはこんなことがいえる」と解釈する人が必要です。また、シミュレーションは、計算プログラムを作って将来の予測値を計算する手法です。ミニドキュメントの長谷川さんの研究は、シミュレーションで炭素税の効果と将来の食料生産量の関係を予測するというものでした。つくったプログラムで実際のデータに近いものが再現できることを確かめることも重要です。この時、実際のデータが多いほど、シミュレーションの正確さが増します。

また、将来の気候の予測は、大気中の二酸化炭素の量や地形など、たくさんの要素が複雑に関係するので、膨大《ぼうだい》な計算をしなければいけません。2100年までの地球の気温などがスーパーコンピューター「地球シミュレータ」を使って計算されています。海洋研究開発機構JAMSTECでは2021年3月に、この改良版の新「地球シミュレータ」（第4世代）が稼働《かどう》し始めました。

人工知能（AI）の影響《えいきょう》

さて、環境専門家に限ったことではありませんが「将来、人工知能（AI）が仕事を奪《うば》うのか」という点も気になるところかと思います。野村《のむら》総合研究所がオックスフォード大学のマイケル・A・オズボーン准教授《じゅんきょうじゅ》らと行った共同研究によると、2030年にかけて、日本の労働人口の49%はAIやロボットで代替《だいたい》可能になるそうです。ただし、リクルートワークス研究所の「全国就業実態パネル調査2020」によると、AIが仕事を代わりにやってくれる可能性は、同じことをくり返すことの多い仕事では高く、その場その場での臨機応変な判断が必要な仕事では低いそうです。この調査結果では、研究開発系はAIに代わられる可能性は低いとされています。先にあげたような新しい技術開発においては、環境専門家として長く活躍《かつやく》できるチャンスがおおいにありそうです。また、環境系の公務員や環境コンサルタントなどの仕事についても、事務的な仕事やデータ分析《ぶんせき》はAIがやってくれるようになるかもしれませんが、人が困っていることを聞いて解決策をいっしょに考えたり、データ分析《ぶんせき》の結果をわかりやすく説明したりすることは人間にしかできないのではないでしょうか。

そもそも、地球環境はずっと大切にしていかなければならないものです。地球環境が存在する限り、環境専門家が必要とされなくなることはありえないといっていいでしょう。「3章　就職の実際」にもくわしく書いていますが、環境関連の市場も拡大しています。特にここであげたような新しい分野では、環境専門家の活躍《かつやく》のチャンスがおおいにあるといえるでしょう。

3章

なるにはコース

適性と心構え

広くアンテナを張り、人と対話することが大事

さまざまな立場の人たちと協働する

環境《かんきょう》に関する仕事は、国や地方自治体といっしょに進めるスケールの大きい仕事も多く、自分一人で完結することはほとんどありません。そのため、環境専門家は自分の得意分野を活かしつつ、さまざまな立場の人たちと協力しながら仕事を進めていく必要があります。

環境専門家に必要な素質として、環境専門家たちが共通して言うのは「幅広《はばひろ》い興味・関心」「コミュニケーション能力」「英語力」です。

たとえば、風力発電の風車を建設する場合を考えてみましょう。高さ50メートルほどの風車を作って建てる技術だけではなく、ここに風車を建てるとどのくらいの発電が期待できるのか、風の流れなどのその周辺の環境がどう変わるのかなどを事前に分析《ぶんせき》することも

必要です。どういう条件なら建設していいか、土地利用についての法律を調べる必要もあります。風車を建設してもいいかと地方自治体に相談し、住民への説明もしなければいけません。

このように、少し考えてみただけでも、環境にはいろいろな事柄《ことがら》がかかわっていることがわかります。理系の人も、法律など自分とは一見関係なさそうなことにも食《く》わず嫌《ぎら》いせずに興味をもつことが、環境専門家への第一歩です。ふだんから、新聞を読んだり、環境関連のイベントに参加してみたりするなどして、広くアンテナを張っておきましょう。

そして、立場が違《ちが》う人と意見を交換《こうかん》しながら、一方が主張を通すのではなく、おたがいが納得する結論に至るコミュニケーション能力が必要です。1章のインタビューに登場した環境省の香田《こうだ》さんが事業所に何度も足を運んだように、誠意や行動力も必要でしょう。

また、地球温暖化や海洋プラスチック問題など国際的な環境問題にかかわる仕事では、国際会議に参加する機会があったり、英語の資料を読んだりすることもあります。日本よりもアメリカやヨーロッパのほうが進んでいる分野もたくさんあるので、最新の知見を得たければ英語は必須《ひっす》です。積極的に英語を使えるほうが仕事のチャンスも広がります。

そのうえで専門的な知識があると、「自分はこれが得意です」というアピールができ、「これについては○○さんに聞けばいい」と頼《たよ》りにされることも増えていきます。

あらゆる分野で環境専門家になれる

ここまで見てきたように、「環境」とひと口にいっても、今やあらゆる分野が関係しています。ということは、「環境専門家とは、この仕事をしているこんな人」という型がない、ともいえます。つまり、環境分野には自然科学系の人だけではなく、さまざまな立場の人が必要とされているということです。「自分は文系だから環境の仕事に就けない」ということはありません。法学系の人はルールづくりをする、工学系の人は技術開発をする、金融《きんゆう》に興味があれば環境分野に投資をするなど、あらゆる方向から環境にアプローチができます。ビジネスでも環境やＳＤＧｓの観点が欠かせません。

「環境専門家」という言葉でひとつにまとめるのは難しいのですが、「〇〇の分野を専門とする環境専門家」たちが、今後もますます必要とされるといえるでしょう。「環境」に広くアンテナを張って全体像をとらえつつ、そのなかで自分は何ができるのかを見極め、自分の得意分野を活かしていくことが、環境専門家として活躍《かつやく》するカギになります。幅広《はばひろ》い視野と専門知識を両方もつこと、さらにコミュニケーション能力や英語力までが必要とされる仕事ですが、ぜひ「自分ならではの環境専門家になる」ことをめざしてみてください。

環境について学ぶには

たくさんの選択肢のなかからこれだと思うものを探すプロセス

環境について専門的に学びたい、環境専門家になりたいと思ったら、どうすればよいのでしょうか。ここであげるものだけが唯一《ゆいいつ》の道ではありませんが、一般的《いっぱんてき》な進路選択《せんたく》のステップを紹介《しょうかい》します。なるにはBOOKS 大学学部調べ『環境学部』（大岳美帆《おおたけみほ》著）にも大学の学部選択《せんたく》などについてくわしく載《の》っていますので、ぜひご参照ください。

ステップ1　大学の学部・学科を探す

まずは自分が興味のある学部・学科を探してみましょう。名称に「環境」とついている学科を卒業していないと環境専門家になれないということはありません。社会における環境問題への関心の高まりから、名前に「環境」とつく学科は増えていますが、それだけに限って探す必要もありません。ここまでに見てきたように、環境の分野はほんとうに幅広《はばひろ》いので、一見、環境には直接関係なさそうな学部・学科でも環境関連の研究をしている先生がいる場合もあります。

とはいえ、どこでもいいと言われると探しにくいと思いますので、環境専門家の出身学部・学科の例をいくつかあげてみます。理系では、理学部の環境学科・地学科や化学科、工学部の都市工学系の学科、農学部などの出身の人が多いようです。文系では法学部、経済学部、文学部の地理学科などの出身の人がいます。

大学内を見学できる「オープンキャンパス」が夏休みなどに各大学で開催《かいさい》されています。そこで学んでいる大学生と直接話ができる場でもあります。大学の雰囲気《ふんいき》を見たり、気になることを質問したりしてみましょう。

ステップ2　大学で学ぶ

入学試験に合格し、大学に通い始めると、大学の授業には必ず履修《りしゅう》しなければいけない必修科目と、自分の興味がある授業を受けられる選択《せんたく》科目があります。各学科で進級に必要な単位数が決まっています。シラバスという授業情報を見てどの授業を履修《りしゅう》するかを決め、自分で履修《りしゅう》登録をします。

大学3、4年生では研究室やゼミナールに所属し、指導教官のもとで研究をスタートします。指導教官の研究テーマや人柄をみて、研究室やゼミを選択《せんたく》しましょう。「卒業研究」として4年生の最後に研究成果を発表する学科もあります。

理系の学科では実験や実習が必修科目になっているところもあります。平日の午後をまるまる使って実験をしたり、夏休みなどに数日間泊《と》まりがけで、地質調査や施設《しせつ》見学、研究所でのインターンなどに行くこともあります。これらを通して、基礎的《きそてき》な実験技術やフィールドワークの方法を学びます。

理論の勉強とあわせて、自分で手を動かして実験をしたり、現場に行って実物を見たりすることで、文献《ぶんけん》で学んだ知識が自分のものになっていきます。環境系の仕事では、「労を惜《お》しまず、現地に行って自分の目で見ること」がとても大事ですので、こうした実験や実習の機会には積極的に参加してみてください。

ステップ3　大学院に進学するか、しないか

理系の研究職に就きたければ、多くの場合、修士号の取得が必須です。修士課程を出て就職したいのか、博士《はくし》課程に進学したいのかも考えておく必要があります。一方で、分析《ぶんせき》系《けい》の仕事などは学部卒、専門学校卒でよいところもあります。

大学院に進学することのメリットは、専門知識と実験技術、研究発表のスキルが身につ

くことです。高度なスキルがあるとみなされるため、就職時の基本給も高くなります。専門分野は学部の4年間だけでは学びきれないので、もう少しじっくり研究に取り組みたい人には、大学院への進学をお勧めします。しかし、社会に出て現場で学ぶことも多いのも事実です。興味のある職業の情報を見て、「修士号が必要か、不要か」は早めに調べておくとよいでしょう。

4月入学の大学院修士課程の入試は、その前年の8月ごろに行われます。教科の筆記試験と面接試験を受けます。面接では「大学院でどのような研究をしたいか」などを聞かれます。大学4年生の夏の段階では、研究室に配属されたばかりの人も多く、まだ何をしたいかはっきりとわからないかもしれませんが、現時点で興味があることを話せるようにしておきましょう。

大学院に進学すると、授業のほかに、研究室での進捗報告会や、学術論文を読んで内容を発表しあう勉強会などがあります。研究が順調に進んでいれば、国内外の学会で研究成果を発表することもできます。思うように結果が出ないこともありますが、毎日コツコツと自分の研究を進めていくことが大事です。

ステップ4 就職活動をする

ほかの業界への就職活動の仕方と同様ですが、興味のある仕事が見つかったら、インターネットでその求人情報を見たり、企業《きぎょう》の説明会に出席したりして、情報を集めましょう。この本でもいくつかの職業を紹介《しょうかい》していますが、環境に関する職業はとても幅広《はばひろ》くあり、一人ですべて調べるのは大変かもしれません。研究室の先生や先輩《せんぱい》から「こういう仕事があるよ」と聞いて、今の職業を知った環境専門家も多いようです。先生や先輩《せんぱい》との日頃《ひごろ》のコミュニケーションを大事にしてください。

環境関連市場は拡大 環境専門家のニーズは増えている

環境省職員（国家公務員）の採用試験

環境省職員になるには、「国家公務員試験」を受験します。環境省の採用区分には、事務系・理工系・自然系の三つがあり、それぞれに総合職と一般職《いっぱんしょく》があります。試験の日程や概要《がいよう》は毎年2月初旬《しょじゅん》に人事院から発表されます。試験のスケジュールはその年によって若干変動があります。２０２２年度は、総合職大卒程度の一次試験（筆記）が4月24日に、一次試験合格者の二次試験の筆記試験が5月22日に、政策課題討議試験・人物試験が5月後半から6月前半にかけて行われます。一般職《いっぱんしょく》の一次試験（筆記）は6月12日に、二次試験の人物試験が7月後半に行われます。総合職の「教養区分」は秋に試験が行われます。

春に試験が行われる総合職大卒程度の一次試験では、選択式《せんたくしき》の基礎《きそ》能力試験（一般《いっぱん》教養）・専門科目試験があります。二次試験の筆記試験では、記述式の専門科目試験と政策論文試験があります。その後、人物試験（面接）があります。また、ＴＯＥＦＬ・ＴＯＥＩＣ・ＩＥＬＴＳ・英検のスコアを提出すると、そのスコアに応じて加点されます。

一般職《いっぱんしょく》大卒程度の一次試験では、選択式《せんたくしき》の基礎《きそ》能力試験（一般《いっぱん》教養）・専門科目試験と小論文試験（行政区分の場合）もしくは記述式の専門科目試験（行政区分以外の場合）があります。二次試験は人物試験（面接）です。

総合職も一般職《いっぱんしょく》も、経験者採用区分以外は30歳《さい》までの人が試験を受けることができます。試験区分は細かく分かれているので、くわしくは人事院から発表されている「国家公務員試験の概要《がいよう》」資料や、なるにはＢＯＯＫＳの『国家公務員になるには』（井上繁著）もご参照ください。

試験に合格すると、希望する省庁に「官庁訪問」をします。これは実質の採用面接で、自分がどの省庁に採用されるかが決まります。試験に合格しても省庁とのマッチングがうまくいかなければ、どの省庁にも入れない可能性があります。希望する省庁に入れるよう、情報収集や自己アピールの準備が必要です。

都道府県・市町村の環境系職員（地方公務員）の採用試験

都道府県や市町村の職員になるには、地方公共団体ごとに行われる「地方公務員採用試験」を受験します。新卒採用だけではなく、社会人枠《わく》や経験者採用での募集《ぼしゅう》もあります。都道府県や市町村のウェブサイトで試験情報を定期的にチェックしてみましょう。

都道府県と政令指定都市の大卒程度試験は「上級職・Ⅰ類・Ⅰ種・大卒程度」などと呼ばれます（各地方自治体により名称が異なります）。道府県と政令指定都市の大卒レベル上級職一次試験は、一部を除き毎年6月下旬《げじゅん》に実施《じっし》されます。東京《とうきょう》都、特別区、大阪《おおさか》府・大阪《おおさか》市などは別日程で実施《じっし》され、試験日程が変則的です。

職種は大きく分けて、文系の「行政職・事務職」と、理系の「技術職」に分かれています。技術職のなかに「環境職」という名前の区分がない自治体もありますが、「化学職」「農業職」「林業職」など自分の専門に近い分野を選択《せんたく》して受験します。試験の内容は各自治体が決めるので、自治体によっては形式が異なるかもしれませんが、一次試験では大学卒業レベルの一般《いっぱん》教養科目と専門科目の筆記試験を課すところが多いようです。過去に出題された問題を公表しているところもあります。近年は、筆記試験だけではなく、二次試験で面接やグループディスカッションなどが行われ、人間性をみる試験が重視されています。

民間企業《きぎょう》への就職――市場規模が拡大している環境産業

２０２１年6月に発表された、環境省の「令和2年度環境産業の市場規模・雇用《こよう》規模等に関する報告書」によると、環境産業（環境汚染《おせん》防止、地球温暖化対策、廃棄物《はいきぶつ》処理・資源有効活用、自然環境保全）の国内の市場規模は、２０１９年に全体で１１０・３兆円と過去最大になっています。これは２０００年（58・３兆円）の約１・９倍です。特に、エコカーや省エネルギー、再生可能エネルギー分野などが含《ふく》まれる「地球温暖化対策分野」がこの10年ほどで大きく増加しています。現在、全産業に占《し》める環境産業の割合は10％にもなっています。また、環境産業の雇用《こよう》規模も、２０１９年に過去最大の約２６９万人と、２０００年（約１８０万人）の約１・４９倍となっています。数字からも環境産業の市場は拡大していることがわかります。

近年、文系の環境専門家も必要とされていて、あまり専門分野に関係なく環境にたずさわることができるようになってきましたが、やはり環境専門家に多いのは、名前に「環境」とつく学科や化学系、都市工学系の学科の出身者のようです。化学科はもともと石油化学業界や製造業に就職する人が多い傾向《けいこう》がありますが、水処理の企業《きぎょう》やエネルギー関連の企業《きぎょう》などに就職する人も見られます。生態系の保護も大事なので、生物系の学科から環境省や地方自治体に就職している人もいます。

環境系の大学生の就職実績を見ると

先に述べたように環境産業の市場が拡大していることもあり、環境系の学生は、企業《きぎょう》や官公庁に幅広《はばひろ》く就職できているようです。学校の先生になって環境についての教育にたずさわる人もいます。

たとえば、ある都内の私立大学工学部環境システム学科の就職実績をみると、住宅メーカー、不動産業、林業、エネルギー系の企業《きぎょう》、環境管理センター、県庁（技術職）、中学校教員といった就職先が公表されています。ほかの大学の環境系の学部・学科の就職実績を見ても、土地とかかわるような仕事（建設業、林業、農業など）に就く人が多いのが特《とく》徴《ちょう》です。

建設業に就職する人が多いと述べましたが、建築関係では「ZEB《ゼブ》（Net Zero Energy Building）・ZEH《ゼッチ》（Net Zero Energy House）」が注目されています。消費するエネルギーと、省エネでの削減分《さくげんぶん》や太陽光などでの発電量を相殺させて、エネルギーの消費量を実質ゼロにする建物のことです。個人宅のZEHの市場規模は2016年度に約1兆円、

2018年度に約1兆6000億円になり、急拡大しています。自分の家庭から地球温暖化防止に貢献《こうけん》したいという、人びとの地球温暖化対策への関心の高さがうかがえます。つまり、住宅メーカーなどでも環境専門家のニーズがあるということです。

また、2章の最後にも書きましたが、近年、国際的にごみ処理の規制が厳しくなっていて、国内の廃棄物《はいきぶつ》の処理が逼迫《ひっぱく》していることもあり、廃棄物《はいきぶつ》処理やリサイクル関連の企《き》業《ぎょう》は環境系学生の採用に力を入れているようです。社員が大学におもむいて説明会を行っている企業《きぎょう》もあります。

環境省の同報告書では、2050年には国内の市場規模はさらに拡大し、約136・4兆円（2018年の1・3倍）まで成長すると予想されています。これからも環境系の人材はますます必要とされるといえるでしょう。

関連資格

仕事に必要だからというだけでなくスキルアップのために資格に挑戦する人も

国家資格から民間資格まで環境系の資格はたくさんある

「環境」「資格」でインターネット検索《けんさく》をすると、国家資格・民間資格を問わずたくさんの資格が出てきます。職種によっては、この資格をもっていないと働けないという場合もあります。受験にあたって、3年以上の実務経験（環境関連の仕事をした経験）が必要な資格もあり、働きながら資格取得をめざす人もたくさんいます。試験では化学分析《ぶんせき》などの理系大学学部レベルの知識を問われ、何より働きながら資格の勉強をするということは時間的にも大変なことです。簡単ではありませんが、環境専門家たちはスキルアップのためにも資格取得に挑戦《ちょうせん》しています。企業《きぎょう》によっては、技術士などの高度な資格をもっていると資格手当がもらえるところもあります。

技術士

国家資格では「技術士」が理系の技術系資格の最高峰《さいこうほう》です。「科学技術に関する高度な知識と応用能力、実務経験を有する技術者であること」を証明する権威《けんい》ある資格です。第二次世界大戦後、日本の復興に尽力《じんりょく》し、世界平和に貢献《こうけん》する「社会的責任をもって活動できる権威《けんい》ある技術者」が必要となり、アメリカのコンサルティングエンジニア制度を参考に「技術士制度」が創設されました。

技術士の資格は、環境部門や化学部門など21個の専門分野に分かれています。一次試験は大学の理系学部レベルの択一式《たくいつしき》筆記試験で、誰《だれ》でも受験できます。

一次試験を受けるほかに、大学で指定された単位を取って「技術士補」になるという手もあります。そのためには文部科学大臣が指定した「日本技術者教育認定機構（JABE）の認定コース」を修了《しゅうりょう》します。技術士補は、技術士第一次試験の合格と同等であるものとして一次試験が免除《めんじょ》されます。

一次試験に合格するか、大学で認定コースを修了《しゅうりょう》して技術士補になってから、4〜7年の実務経験を積むと、二次試験の受験資格を得られます。二次試験には論述試験と口頭試験があります。環境コンサルタントの主要な業務である報告書の作成時にも、この論述力は活かされます。二次試験の合格率は、部門や年によって異なりますが、おおむね15％前後です。二次試験に合格すると、技術士として登録することができます。

環境計量士

「環境計量士」は、環境に関する計量の専門知識・技術を有する分析《ぶんせき》の専門家であることを国（経済産業省）が認定する資格です。騒音《そうおん》・振動《しんどう》部門と濃度《のうど》部門の二つの部門があります。

一般《いっぱん》社団法人日本環境測定分析《ぶんせき》協会によると、環境計量士が行う業務は、計量機器などの整備、計量の正確性の保持、計量の方法の改善、機器などの保管・検査、分析《ぶんせき》方法の決定、分析《ぶんせき》方法の指導、分析《ぶんせき》結果の確認です。これらに関係する法令の知識も必要です。

また、計量証明書（分析《ぶんせき》・測定結果を証明する文書）には、環境計量士の押印《おういん》が義務づけられています。法律に則って正しく分析《ぶんせき》できていることを証明します。そのため都道府県知事の登録を受けた計量証明事業所（「ミニドキュメント1」を参照）には、環境計量士が最低1人はいなければいけません。

経済産業省が年1回試験を実施《じっし》していて、令和2年度の合格率は濃度《のうど》関係が16・4％、騒音《そうおん》・振動《しんどう》関係が18・4％です。

環境測定分析士《ぶんせきし》(1~3級)

環境測定分析士《ぶんせきし》とは、一般《いっぱん》社団法人日本環境測定分析《ぶんせき》協会が認定する、環境測定分析《ぶんせき》の仕事をしている人の技術力を評価する資格です。2006年にできた比較的《ひかくてき》新しい資格で、「技術士」「環境計量士」と並《なら》んで注目されています。

1級と2級の試験には試験場で渡《わた》された試料を持ち帰り、20日以内に分析《ぶんせき》して報告する実技試験があります。1級と2級の受験には実務経験が必要ですが、3級は入門編の位置づけになっていて、誰《だれ》でも受験できます。「環境騒音《そうおん》・振動《しんどう》測定士」の試験もこの協会が行っています。

公害防止管理者

工場の排水《はいすい》、排気《はいき》、粉じん、騒音《そうおん》・振動《しんどう》などを測定・管理して、公害の防止に務める人の資格です。1971年に、工場内に公害防止に関する専門的知識を有する人的組織の設置を義務づけた「特定工場における公害防止組織の整備に関する法律」が制定されました。この法律の施行《しこう》によって、公害防止管理者制度が発足しました。この法律で「特定工場」とされている、製造業や電気・ガス・熱供給業の工場には、公害防止管理者がいなければいけません。

年1回行われる公害防止管理者等国家試験を受験するか、公害防止管理者等資格認定講習を受講すると公害防止管理者になれます。大気関係（第1～4種）、水質関係（第1～4種）、騒音《そうおん》・振動《しんどう》関係など13の試験区分があります。

作業環境測定士

有害物質を取《と》り扱《あつか》う工場や、大きな騒音《そうおん》・振動《しんどう》が発生する建設現場などの作業環境の改善をはかる仕事です。粉じん、放射線なども測定・分析《ぶんせき》し、そこで働く人の健康を守ります。試験に合格し、登録講習を修了《しゅうりょう》すると、作業環境測定士として登録できます。

自然再生士

「自然再生士」は、自然再生事業の全体を把握《はあく》し、調査・計画・設計・施工《しこう》・管理にかかわる人びとをコーディネートしたり、みずから自然再生を実行したりします。自然再生に必要な知識・技術・経験が必要です。自然再生士は地方公共団体や建設業、造園業などで活躍《かつやく》しています。

資格取得には、筆記試験を受けるか、講習を受講します。満23歳《さい》以上で、自然再生にかかわる実務経験を3年から7年以上有する人は試験を受けられます。また、養成機関認定大学になっている大学で指定された環境系・農学部系の科目の単位を取ると「自然再生士補」になれます。自然再生士補は、自然再生士受験資格で要求される実務経験年数を短縮できます。興味がある人は、指定された科目を大学で履修《りしゅう》しておくとよいでしょう。

環境系の資格にはほかにも「臭気《しゅうき》判定士」「環境アセスメント士」「環境管理士」「気象予報士」などたくさんあります。

学生のみなさんが今受検できる資格では、eco検定（環境社会検定試験）がお勧めです。年に2回試験があり、誰《だれ》でも受検できます。環境に関する幅広《はばひろ》い知識を問われるので、環境についての基礎《きそ》知識を得るのに役立ちます。環境専門家への第一歩として、チャレンジしてみてはいかがでしょうか。

フローチャート　環境省・地方自治体の環境局の職員

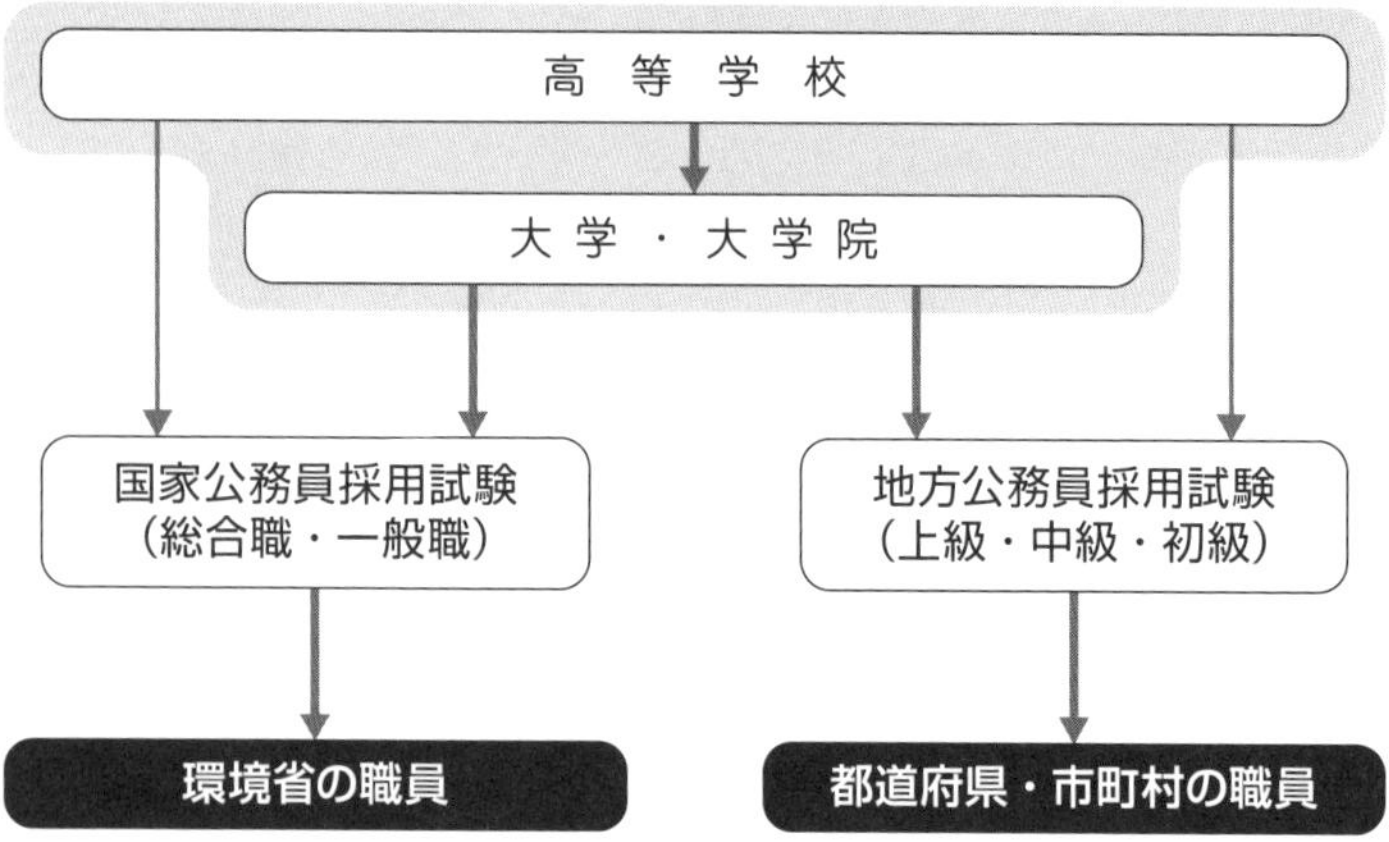

フローチャート　環境関連の企業

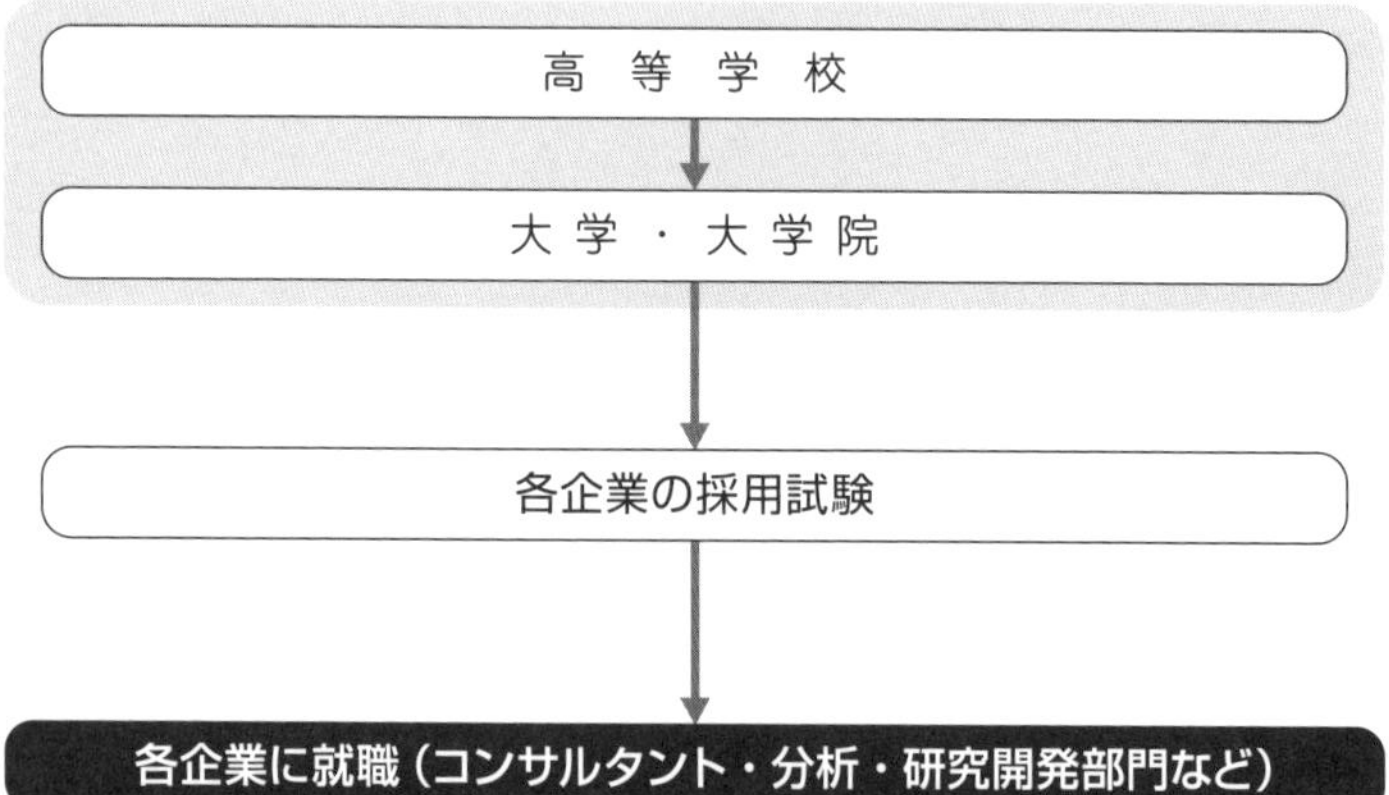

フローチャート　環境関連の研究者

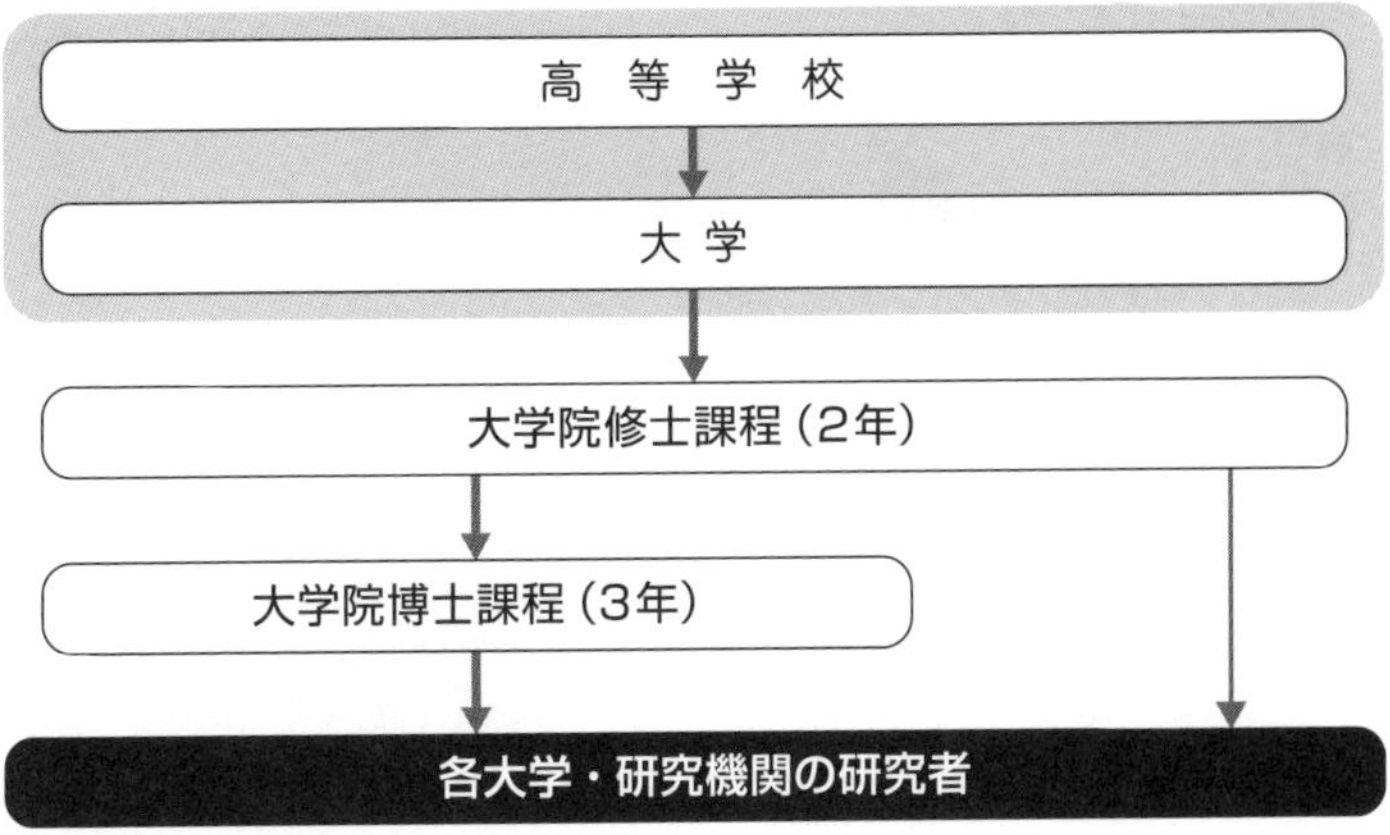

フローチャート　環境系NGO・NPOの職員

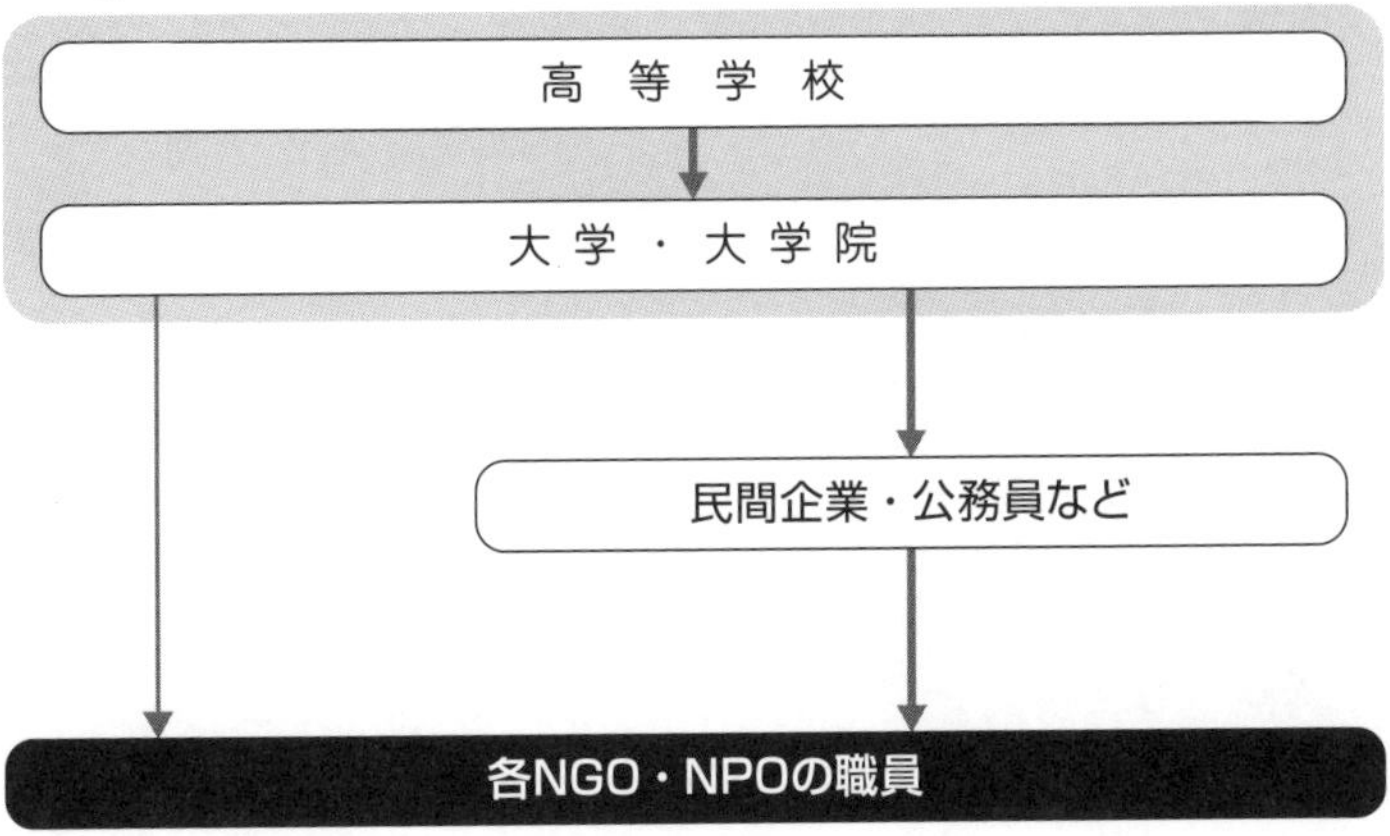

なるにはブックガイド

『地球温暖化は解決できるのか——パリ協定から未来へ！』

小西雅子＝著
岩波ジュニア新書

国連気候変動枠組条約会合に出席した著者が記す、地球温暖化対策の国際会議の舞台裏。国同士の駆け引きがおもしろい。環境政策に興味がある人にぜひ読んでほしい。

『海洋プラスチックごみ問題の真実——マイクロプラスチックの実態と未来予測』

磯辺篤彦＝著
化学同人 DOJIN 選書86

海洋プラスチック研究の最前線。大量のプラスチックごみが漂着した海岸の写真が衝撃的だ。わかったこととまだわかっていないことを真摯に書いている。

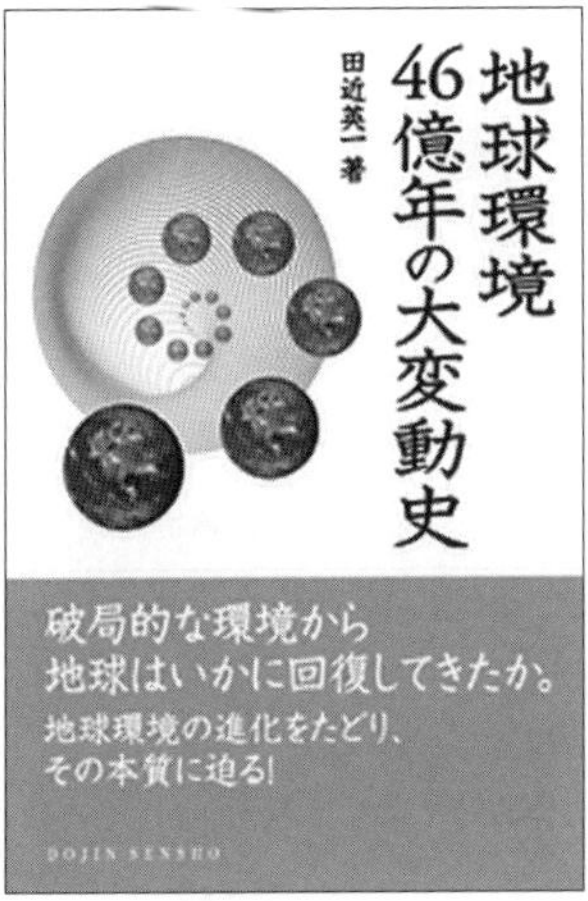

『地球環境46億年の大変動史』
田近英一＝著
化学同人 DOJIN 選書24

46億年の地球の歴史のなかには、温暖な時期もあれば寒冷な時期もあり、環境が劇的に変化した時代もあった。そのなかで現在の地球温暖化をどうとらえるべきか？視野を広げたい人にお勧め。

**『未来を変える目標
SDGs アイデアブック』**
一般社団法人 Think the Earth＝編著
紀伊國屋書店

SDGs について、たくさんの実例を紹介しながらわかりやすく解説している。環境以外の事例も興味深い。監修の蟹江憲史氏をはじめとする識者たちの寄稿も必読だ。

職業MAP！興味があるのはどの仕事？

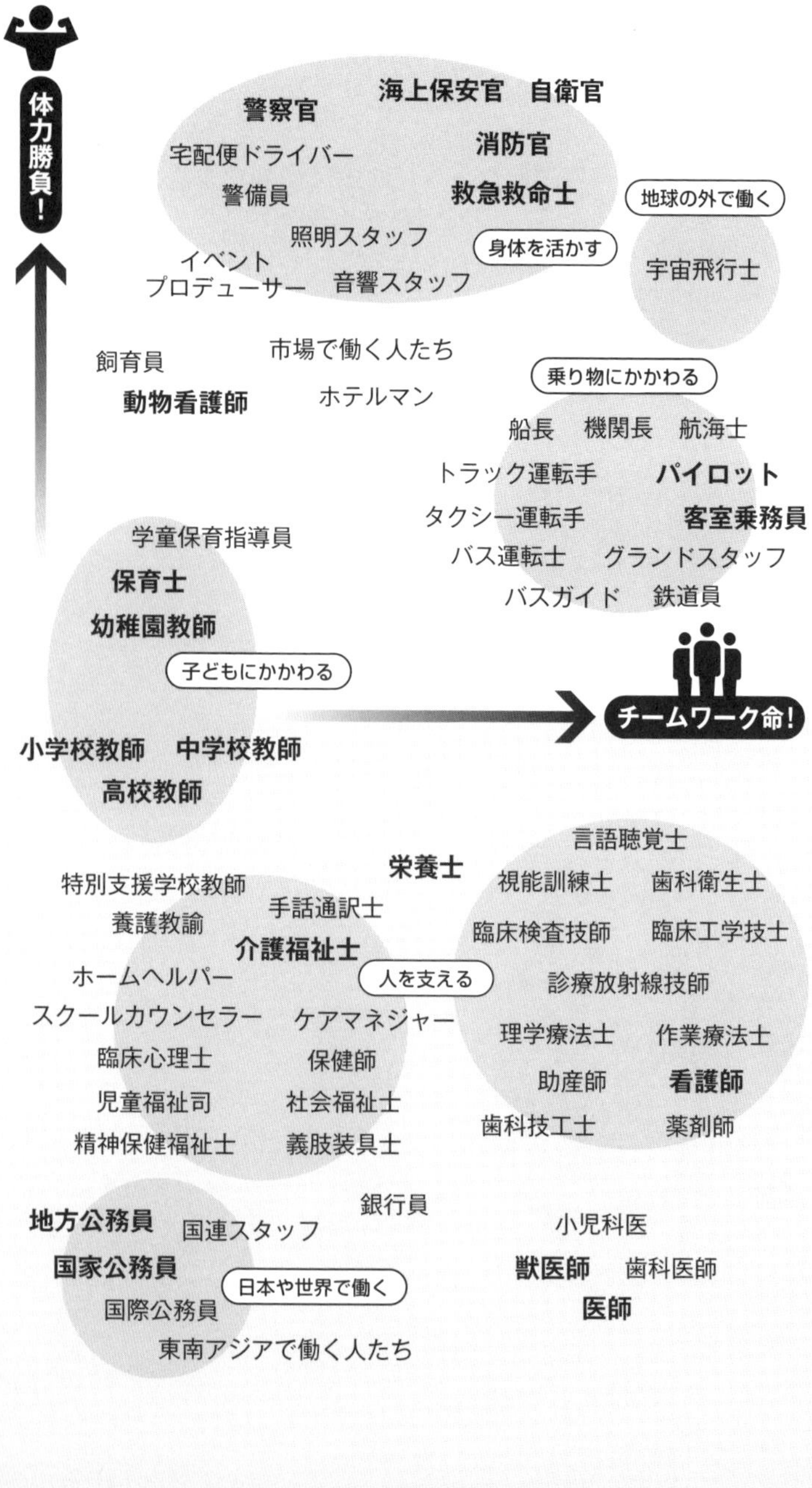
体力勝負！
チームワーク命！
身体を活かす
警察官
海上保安官
自衛官
消防官
宅配便ドライバー
警備員
救急救命士
照明スタッフ
イベントプロデューサー
音響スタッフ
地球の外で働く
宇宙飛行士
飼育員
動物看護師
市場で働く人たち
ホテルマン
乗り物にかかわる
船長
機関長
航海士
トラック運転手
パイロット
タクシー運転手
客室乗務員
バス運転士
グランドスタッフ
バスガイド
鉄道員
子どもにかかわる
学童保育指導員
保育士
幼稚園教師
小学校教師
中学校教師
高校教師
人を支える
特別支援学校教師
養護教諭
手話通訳士
栄養士
介護福祉士
ホームヘルパー
スクールカウンセラー
ケアマネジャー
臨床心理士
保健師
児童福祉司
社会福祉士
精神保健福祉士
義肢装具士
言語聴覚士
視能訓練士
歯科衛生士
臨床検査技師
臨床工学技士
診療放射線技師
理学療法士
作業療法士
助産師
看護師
歯科技工士
薬剤師
日本や世界で働く
地方公務員
国連スタッフ
銀行員
国家公務員
国際公務員
東南アジアで働く人たち
小児科医
獣医師
歯科医師
医師

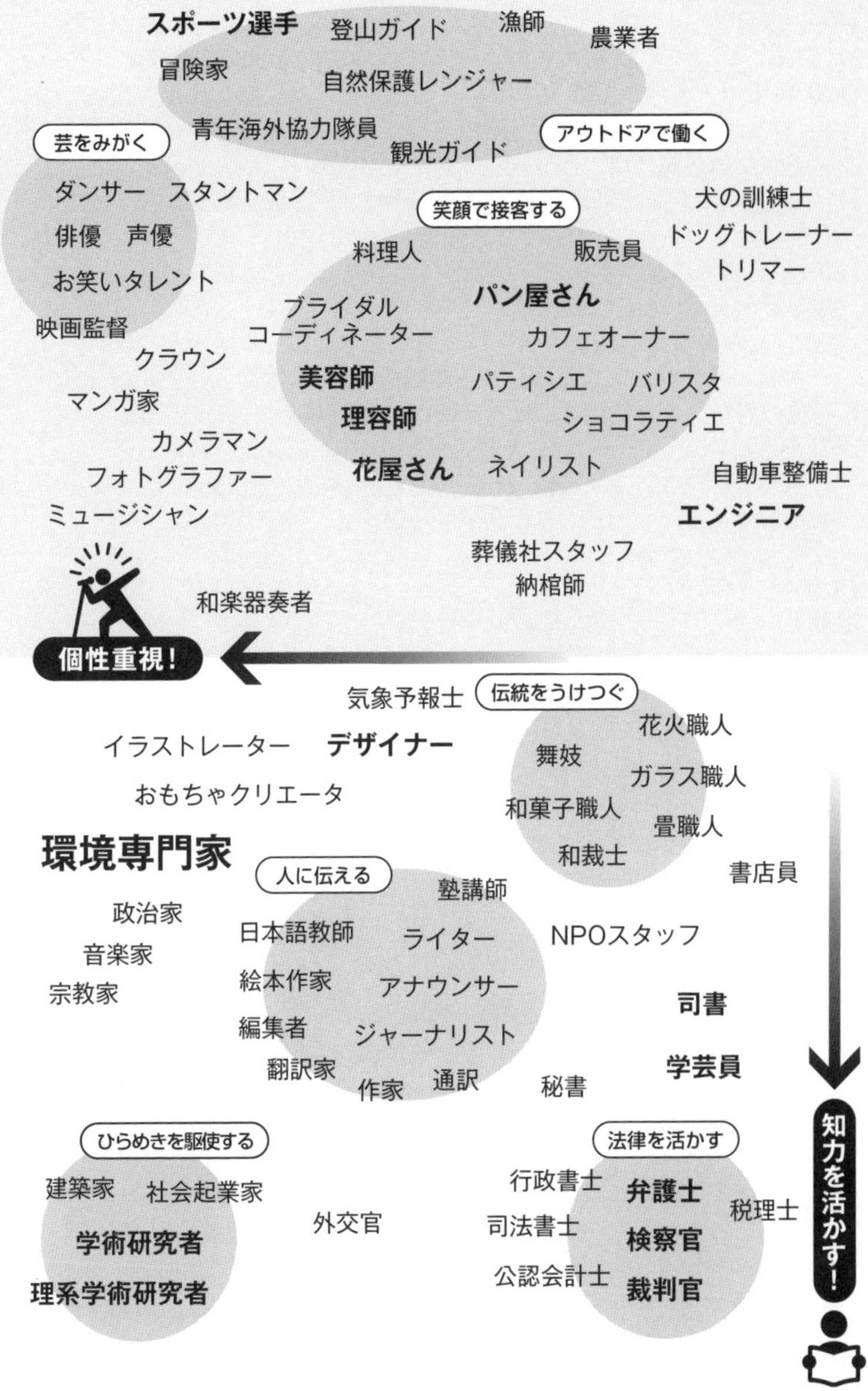
アウトドアで働く
スポーツ選手
登山ガイド
漁師
農業者
冒険家
自然保護レンジャー
青年海外協力隊員
観光ガイド
芸をみがく
ダンサー
スタントマン
俳優
声優
お笑いタレント
映画監督
クラウン
マンガ家
カメラマン
フォトグラファー
ミュージシャン
和楽器奏者
笑顔で接客する
料理人
販売員
パン屋さん
ブライダルコーディネーター
カフェオーナー
美容師
パティシエ
バリスタ
理容師
ショコラティエ
花屋さん
ネイリスト
犬の訓練士
ドッグトレーナー
トリマー
自動車整備士
エンジニア
葬儀社スタッフ
納棺師
個性重視！
気象予報士
伝統をうけつぐ
花火職人
舞妓
ガラス職人
和菓子職人
畳職人
和裁士
イラストレーター
デザイナー
おもちゃクリエータ
環境専門家
書店員
人に伝える
塾講師
日本語教師
ライター
絵本作家
アナウンサー
編集者
ジャーナリスト
翻訳家
作家
通訳
政治家
音楽家
宗教家
NPOスタッフ
司書
学芸員
秘書
ひらめきを駆使する
建築家
社会起業家
学術研究者
理系学術研究者
外交官
法律を活かす
行政書士
弁護士
司法書士
検察官
公認会計士
裁判官
税理士
知力を活かす！

【参考文献】
『ビジュアルテキスト　環境法』上智大学環境法教授団編、有斐閣
『臨床環境学』渡邊誠一郎・中塚武・王智弘編、名古屋大学出版会
『海洋プラスチックごみ問題の真実—マイクロプラスチックの実態と未来予測』磯辺篤彦著、化学同人 DOJIN 選書86
「再生可能エネルギー第３回」〈18歳の１票〉欄　読売新聞2020年６月20日付
『最新産廃処理の基本と仕組みがよ～くわかる本［第３版］』尾上雅典著、秀和システム
『ひと目でわかる地球環境のしくみとはたらき図鑑』トニー・ジュニパー著、赤羽真紀子・大河内直彦日本語版監修　千葉喜久枝訳、創元社
『「環境の科学」が一冊でまるごとわかる』齋藤勝裕著、ベレ出版
Hasegawa, T., Fujimori, S., Havlík, P. et al. Risk of increased food insecurity under stringent global climate change mitigation policy. Nature Climate Change 8, 699-703 (2018).

【参照ウェブサイト】
環境省
https://www.env.go.jp/
気象庁
https://www.jma.go.jp/
資源エネルギー庁
https://www.enecho.meti.go.jp/
株式会社カネカ
https://www.kaneka.co.jp/solutions/phbh
WWF ジャパン
https://www.wwf.or.jp/
国連 SDGs
https://www.un.org/sustainabledevelopment/
ノーベル財団
https://www.nobelprize.org/

［著者紹介］

小熊みどり（おぐま みどり）

科学コミュニケーター／サイエンスライター。山形県生まれ。東京大学理学部地球惑星環境学科卒業、東京大学理学系研究科 地球惑星科学専攻 修士課程修了。日本科学未来館の科学コミュニケーターを経て、現在はフリーランスで活動。武蔵野大学工学部 環境システム学科非常勤講師。

環境《かんきょう》専門家《せんもんか》になるには

2021年6月20日　初版第1刷発行
2022年3月25日　初版第2刷発行

著　者　小熊みどり
発行者　廣嶋武人
発行所　株式会社ぺりかん社
〒113-0033　東京都文京区本郷1-28-36
TEL 03-3814-8515（営業）
03-3814-8732（編集）
http://www.perikansha.co.jp/
印刷所　株式会社太平印刷社
製本所　鶴亀製本株式会社

ISBN978-4-8315-1588-9　Printed in Japan

＊「なるには BOOKS」シリーズは重版の際、最新の情報をもとに、データを更新しています。

大学学部調べ **理学部・理工学部**

佐藤成美(サイエンスライター)著

❶理学部・理工学部はどういう学部ですか？
❷どんなことを学びますか?
❸キャンパスライフを教えてください
❹資格取得や卒業後の就職先は？
❺めざすなら何をしたらいいですか？

☆☆☆

73 自然保護レンジャーになるには

須藤ナオミ・藤原祥弘著／キャンプよろず相談所編

❶人と自然の共生をめざして
❷自然保護と環境省レンジャーの世界［歴史、生活と収入、なるには］
❸民間レンジャーの世界［日本自然保護協会、日本野鳥の会、東京都レンジャー、パークレンジャー、なるには］

★★★

大学学部調べ **社会学部・観光学部**

中村正人(ジャーナリスト)著

❶社会学部・観光学部はどういう学部ですか？
❷どんなことを学びますか?
❸キャンパスライフを教えてください
❹資格取得や卒業後の就職先は？
❺めざすなら何をしたらいいですか？

☆☆☆

155 AIエンジニアになるには

丸山恵(科学コミュニケーター)著

❶ＡＩエンジニアの現場
❷ＡＩエンジニアの現場［ＡＩエンジニアとは？、ＡＩエンジニアの仕事、生活と収入、ＡＩエンジニアの将来他］
❸なるにはコース［適性と心構え、必要な知識と学べる場所、就職の実際他］

★★★

大学学部調べ **工学部**

漆原次郎(科学技術ジャーナリスト)著

❶工学部はどういう学部ですか？
❷どんなことを学びますか?
❸キャンパスライフを教えてください
❹資格取得や卒業後の就職先は？
❺めざすなら何をしたらいいですか？

☆☆☆

補巻13 ＮＰＯ法人で働く

小堂敏郎(経営ジャーナリスト)著

❶ＮＰＯ法人とは／私はこうしてＮＰＯ法人に就職した［食事でアフリカ支援、学校で社会を学ぶ、湖を再生する取り組み
❷ＮＰＯ法人の世界［ＮＰＯ法人の仕組み、ＮＰＯ法人の収入と職員の給与］
❸ＮＰＯ法人で働くために

☆

大学学部調べ **環境学部**

大岳美帆(フリーライター)著

❶環境学部はどういう学部ですか？
❷どんなことを学びますか?
❸キャンパスライフを教えてください
❹資格取得や卒業後の就職先は？
❺めざすなら何をしたらいいですか？

☆☆☆

補巻16 アウトドアで働く

須藤ナオミ(アウトドアライター)著／キャンプよろず相談所編

❶アウトドアの仕事とは
❷用具にかかわる仕事［販売員、メーカー社員］／フィールドにかかわる仕事［登山ガイド他］／メディアにかかわる仕事／安全と命にかかわる仕事他

☆

大学学部調べ **国際学部**

三井綾子(教育ライター)著

❶国際学部はどういう学部ですか？
❷どんなことを学びますか?
❸キャンパスライフを教えてください
❹資格取得や卒業後の就職先は？
❺めざすなら何をしたらいいですか？

☆☆☆

補巻18 東南アジアで働く

横山和子(東洋学園大学大学院教授)著

❶東南アジアを知ろう
❷新たな市場を発見！［タイ：市場調査会社、香港：照明デザイン会社他］
❸社会の経済発展を支援！［カンボジア：土地開発や人材開発事業会社他］
❹東南アジアで働くために

★★★